マシンビジョンライティング

－画像処理 照明技術－

基礎編 改訂版

マシンビジョン画像処理システムにおける
ライティング技術の基礎と応用

Machine Vision Lighting

Basic Level　Revised Edition

The Basics and Applications of the Lighting Technology
for the Machine Vision Image-Processing System

マシンビジョンライティング株式会社
増村茂樹

Shigeki Masumura
Machine Vision Lighting Inc.

産業開発機構株式会社

はじめに

マシンビジョンという言葉が，ここ数年大いにもてはやされている。マシンビジョンシステムとは，今まで人間が機械を繰っていたところを，機械に視覚機能を持たせることによってこれを肩代わりさせ，更に高機能化と高性能化を図るためのシステムである。これは，今まで機械を繰っていた人間が，主に視覚によって得られた情報を中心にしていることから，おおいに期待が持てる分野であることは間違いない。しかし，視覚機能とは，実は目と頭だけで成り立っているものではなく，元々高度な精神活動の一部であって，意志や経験，知識，推測等の中で，視覚情報が有効に機能しているものと考えられる。したがって，マシンビジョンシステムをどのように機能させるか，そのためにどのような視覚情報に着目し，それをどのようにして正確に抽出するかといったことが，マシンビジョンシステムの成否を大きく左右することになる。その最初の重要なキーを握っているのが，マシンビジョンライティングといわれる，マシンビジョン画像処理用途向けのライティング技術なのである。

一方，産業界では，かつて多くの熟練工を必要としたマニュファクチャリングの構造そのものが，今このマシンビジョンによって大きく変わろうとしている。しかし単に機械が人間の肩代わりをするといっても，その導入にあたっては，かつて熟練工が費やした努力と汗をも肩代わりすることになる。そのかわり，一旦導入されれば最優秀の熟練工を手にしたことになり，しかも何人でも増やすことができる。すなわち，マシンビジョンシステムは，すべてのマニュファクチャリング現場にその市場が開かれているといっても過言ではない。

こんな夢のような製品ならもっと浸透して良いはずなのだが，実は導入にあたってその最適化設定をする技術者が圧倒的に不足している。一般的にマシンビジョンシステムなるものは，開発にも，売るにも，売ったあとにも大いに手がかかる。そこに大きな付加価値と差別化の鍵があることは各社とも理解されているはずなのだが，今までの製品の売り方や販路にこだわるあまり，そこにばかり手をかけるわけにもいかないという事情がある。しかし，このマシンビジョンシステムという製品は手をかけるところにこそ大きな付加価値があり，ここにまた新たな労働市場が横たわっているともいえる。実は今，圧倒的に不足しているのは，マシンビジョンシステムを適用し，この最適化を行う知的労働者なのである。

本書では，ライティング技術という立場から，「では，何が必要とされているのか」，「どうすればいいのか」に対する答えを追求したつもりである。

本書は，2002年1月に産業開発機構の画像関連専門誌，映像情報インダストリアルに筆者が執筆した「画像システムにおけるライティング技術とその展望」という技術論文を契機にして，2004年4月からその技術詳細を連載した最初の32回分をアレンジし直したものである。「マシンビジョン画像処理システムにおけるライティング技術」という題で，連載名が「光の使命を果たせ」である。以下は，その連載「光の使命を果たせ」の第1回目に寄せて，その連載名の意味するところを説明した拙文である。

『今回から，マシンビジョン画像処理システムにおけるライティング技術の基礎から応用までを，その都度，撮像例などを織り交ぜながら，できるだけ判りやすく解説する。シリーズ名の『光の使命を果たせ』ということだが，これは，最新の現代素粒子論の見解として「光がすべての存在の根元的な鍵を握っている」と考えられていることにちなんでいる。すなわち，「我々人間一人一人も元をただせば光の子であって，各々がその光の使命を果たすべくこの世に物質化して生きている」ということなら，微力ではあるが，このライティング技術を機縁に，「少しでも多くの人が幸福になれたら」という念いを込めて連載させて頂きたいと思う。私は，光を科学することが，多くの人々の幸福の具体化に役立っていくものと信じている。』（連載「光の使命を果たせ」より）

そして，実は，『光の使命を果たせ』という言葉に込められた根源の意味は，「その光があるがままで自ずと果たさねばならない役割と，光が光としてその存在価値があるように果たさねばならない使命があり，その役割と使命を果たして初めて，この大宇宙の根源仏ともいえる存在が創られた大いなる愛の大河の中で見事に生かされていくことができる」という真理を象徴的に表した言葉なのである。

最後に，本書の元となった「光の使命を果たせ」の連載は，その表現の細部にわたってご指導頂いた同出版社の宇野 裕喜氏，柳 祥実女史の親身な協力がなくては実現しなかったことを申し添え，お二人への感謝の言葉に代えさせて頂きたい。そして，本書の出版にあたっては，ビジョンシステムの標準化を通して産業界に貢献する目的で設立された日本インダストリアルイメージング協会（JIIA：Japan Industrial Imaging Association）に加盟し，事務局としてその責を果たされている株式会社シムコの木浦 幸雄氏，西内 宏氏の多大の労を頂いたことをここに記し，感謝の意を表したいと思う。

そして，この「光の使命を果たせ」の連載，並びに他の専門誌や学会への論文投稿のため，長きにわたって週末と休日のほぼすべての時間を費やしたにもかかわらず，家族がこれを支えてくれたことに，私は感謝の念を禁じ得ない。いつもくじけそうになる筆者を，深い愛情と的確な助言で支え続けてくれる私の最愛の妻，増村千鶴子と，この地上で自らの「光の使命」を果たさんとしている多くの光の戦士たちに，本書を捧ぐものである。

2007年6月　増 村　茂 樹

改訂版の発刊によせて

初版発行より10年の歳月が流れ，文言等も不整合な部分が見受けられるようになったので，全面的に手を入れて今回，改訂版を出版する運びとなった。

当時，照明技術などといっても誰も振り向きもしない中，毎日，実験室で様々なサンプルワークを相手に格闘してきた日々が走馬灯のように思い出される。初版発行から遡ること8年前の2000年4月，私は，シーシーエス株式会社に途中入社し，右も左もわからない中で，同社の創業社長である米田賢治氏の庇護のもと，マシンビジョン画像処理用途向け照明技術の確立に専心した。私はその後15年間，同社で研鑽を積むこととなるが，当時，この分野では素人に近い入社６ヶ月がやっと過ぎたばかりの私に，社長から，業界誌への照明技術の執筆依頼がまわされてきた。このときに執筆したのが，本書のベースとなる部分の照明技術の基礎理論であり，このとき，すでに私は，照明技術こそが画像処理システムの根幹を成す技術であることを確信していた。それを見た大手電気会社の取締役が，社長のもとに飛び込んでこられて直談判をされ，その会社で技術者を集めてセミナーをやることとなった。それからは，各社の技術者向けのセミナーを，請われるままに毎週のようにこなす日々が続いた。そんな中，厚生労働省所管の高度ポリテクセンターとのご縁があり，ほどなくそれまでの実績が認められ，個人契約で部外講師を務めることとなった。このとき，社長も大いに喜んで，これを受け入れてくれたのであった。今年さらにもう１冊が加わって，本書を含む４冊をテキストとし，１冊について１泊２日のカリキュラムで現在も続くロングランセミナーの誕生である。そして，今回の改訂版の強力な後押しになったのは，本書が同セミナーで教科書に採用されているということであった。当時から現在に至るまで，ひとかたならずお世話になっている同センターの川俣文昭先生，西出和広先生，槌谷雅裕先生，仲谷茂樹先生，岡本光央先生に，この場を借りて心からの謝意を表するとともに，末筆ながら，改訂版の刊行に関して心を砕いて頂いた産業開発機構の平栗裕規氏に，心から感謝を申し上げる。

2018年7月7日　増 村 茂 樹

目　　次

1. 視覚機能とマシンビジョンとライティング

人間の持つ視覚機能は，この世を創られた根源仏からいただいた世にも素晴らしい機能である。この世に満ち満ちている光が，この世に姿を現しているすべての物体と織りなす美しい変化を，そのすべてではないにしても垣間見ることができるのである。「見える」ということは，仏の創られた世界が「見える」ということなのである。それでは，機械の視覚であるマシンビジョンにおいて，機械はこの世界をどのように「見る」のだろうか。

1.1 「見える」ということ

明るくすると，我々はその明かりで浮かび上がる物体の姿を見ることができる。しかし，これは決して物体そのものを見ているわけではなく，物体から返ってきた光を見ているにすぎない。もう少し正確にいうと，光と物体との相互作用によって光が様々な影響を受け，我々は，その光の変化量を見ているにすぎないのである。

では，この光の変化量に関してどれほどのことが分かっているのだろうか。それは，現代の固体物理や量子力学，光物性といった分野の知見を駆使しても，分からないことだらけといっていいだろう。光の姿とその諸相は誠に不思議なことばかりで，まさに古くて新しい科学のネタは，実に身近なところに存在しているものだ。

1.1.1 照明技術の変遷

本書で述べようとしているライティング技術にしても，物体に光を照射してその物体がどのように見えるか，などということは一般にはしごく当たり前で，それがとりたてて探求する価値もないように考えられてきたのも無理からぬことであろう。なぜなら，視覚による認識は人間の感覚的な作用であり，今までは客観的にこれを数値化することが難しかったからである。しかし，コンピュータビジョンといわれる研究分野が出現して，この分野の研究もようやくその端緒を開いたところである。

写真技術においても，大いにライティングの重要性が指摘され，多くのカメラ技術者がこれと向き合ってきたが，多分に芸術的な要素が強調されてきたきらいがある。これは，結局，その写真を見るのが人間であるからであった。

いわゆる照明工学という分野も，これまで人間の生活照明を中心に扱ってきたので，物体の見え方，しかもその細部にわたる傷や欠陥などを中心テーマとしたフィールドはやはり見あたらない。

1.1.2　照明の新分野

しかし今まさに，工業分野においては，人間の視覚すなわちヒューマンビジョンの世界が，機械やロボットの視覚，すなわちマシンビジョンやロボットビジョンの世界にシフトされようとしている。そして近い将来，これらの技術は我々の身近な生活環境にも応用され，家庭内にも様々なロボットや自動機が導入されることになるだろう。

ビジョンシステムが応用されているのは，現在はまだいわゆる自動機の分野が中心でマシンビジョンと呼ばれているが，次はこれがマニュファクチャリング用のロボットビジョンとして応用され，更に家庭用などのサービスロボットの分野に展開されていくのは，ほぼ確実と見ていいだろう。そしてそのときにキー技術として残っているものの筆頭に，ライティング技術が挙げられる。なぜなら，「心」を持ち得ないロボットにとって，物体認識の最もプリミティブな部分がライティングであるからである。

1.2 視覚認識とライティング

ここで留意すべきは，「人間の視覚」と「機械の視覚」とでは，その認識方法が違うということである。機械が目を持ったといえば，人間と同じように部屋を明るくし，もっと細かい作業には手元にスタンドでも置いて明るくしてやればいいと思うだろう。しかし，機械は，人間のように様々な類推によってランダムに視覚認識をするわけではない。

1.2.1 心の機能としての視覚

人間の記憶は単なるデータの蓄積ではなく，気の遠くなるような経験を有機的に結びつけて，この有機的なデータを元にした様々な類推によって視覚認識をしている。ヒューマンビジョンにおける認識の主体としては，主にこの類推機能部分を指して「心」と呼ばれている。「心」の働きの中核となる部分の本質は，その仏神のごとき創造性にある。機械は，「心」を持ち得ないのである。

したがって，マシンビジョンにおいては，視覚情報として入力される画像情報が，それ自体，既に必要とする特徴情報を過不足なく抽出した説明図やイラストのような画像である必要があるわけである。すなわち，人間の持つ有機的な心の作用の代わりに，画像そのものを目的に沿って単純化してやる必要があるわけである。

そのために，様々な画像処理アルゴリズムが提案され，実用化されている。それは，種々のフィルタリング機能であったり，濃度変換や濃度補正，エッジ検出や諸々の領域分割手法であったりする。

マシンビジョンにおいては，入力画像に対する画像処理機能が，一見，この情報抽出のすべてを行なっているように錯覚してしまう。だから，画像処理機能を担っているコンピュータが高性能になれば，何でも見えるようになると考えてしまう。

1.2.2 カラー処理とマシンビジョン

例えば，カラーの画像処理装置になると，これでもう人間と同じ見え方なので，浅はかにも特段のライティングなど要らないのではないかと思ってしまう。確かに情報量としては増えるのだが，特定の目的で特定の情報を抽出するという観点で考えると，ダイナミックレンジやS/Nが低下する分，マイナスに働くことの方が多いといえる。

色は心理量であって，寸法や質量などのように直接測定できる物理量ではない。色そのものは，可視光帯域をほぼ三分する波長帯域の濃淡情報を元に人間の頭の中で作られている。可視光帯域全体のおおざっぱなスペクトル分布を把握するには適しているが，これとて光の濃淡変化の波長に依存する部分だけであり，その他の変化を含めた光の濃淡として特定の情報を抽出するには，やはり高度なライティング技術が必要となる。

この特徴抽出をする部分の性能は，入力画像の質にそのほぼすべてを依存しているといっていいだろう。すなわち，映っていない情報に対しては，いくら高度な画像処理を施しても，無から有を生じさせることはできない，ということである。「映っていない情報」とは，類推や推測を必要としない，あらかじめ決められた範囲内の画像処理では安定に抽出できない情報のことをいう。

1.3 照明とライティング技術

マシンビジョンやロボットビジョンにおける視覚認識の前提となる照明は，もはや照明と呼べるものではない。照明とは，「明るくする」ための手段であろう。ところが，機械の目のための照明は，まさにその視覚認識に必要な「情報を抽出する」ための手段であり，特に明るくすることが目的ではない。そこでの照明は，その時々で必要とする情報だけを切り分けるメスのような役目を負っている。たまたま，それが可視光域の光であれば，一見，単に明るくするための照明のようにも見えるが，その本質はいわゆる照明ではないのである。

1.3.1 機械の目のための照明

機械の目のための照明として，マシンビジョンライティングという言葉を充てているが，実際に我々がこの分野でライティング技術と呼んでいるものは，光と物体との相互作用を特定することにその本質がある。「特定」とは，目的とする特徴点を認識するために，どのような光の変化を検出すればいいか，ということである。

光の変化とは，光と物体との相互作用によって照射光にもたらされる変化のことで，マクロ光学的には，波長，伝搬方向，偏波面，強度の４種類の変化として現れる。なぜなら，光は電磁波であり，電磁波の要素は，波長すなわち振動数と，伝搬方向，振動方向，及び振幅の４つだからである。

これを人間の視覚に当てはめると，色と風合いと旋光性と明るさの４つになる。色は，どの波長帯域の光がどのくらいの相対比で含まれているかによって決まる。風合いは，光の伝搬方向が物体表面で変化を受けることによって，物体表面の質感や平坦度やザラザラ感として感ぜられる。旋光性は，人間は偏光視ができないので直接判別することができないが，ある特定の振動方向の光しか透過しない偏光フィルタ等を介して見ると，光の明暗として知覚することができる。そして最後の明るさは，まさに明暗の輝度情報として感じることができる。

1.3.2 機械の目の最適化

マシンビジョンにおいては，目的とする特徴点を高SN比（S/N：signal-to-noise ratio）で抽出するために，これら４種類の変化を目的に合わせて最適化する必要がある。ある変化は強調し，ある変化は最少化される。そして，その変化の中でも必要な変化量だけを抽出することによって，撮像画像の最適化を図るわけである。しかし，これは決して照射する光の側だけで実現できることではなく，光学系やセンサ系の最適化，更には使用する画像処理アルゴリズムの最適化がどうしても必要となる。すなわち，認識のための視覚情報を抽出するには，このすべてが連関しているのである。

したがって，マシンビジョンライティングとは，決して「照明の当て方」や「光の当て方」といった言葉で表現されるような，いわゆる「明るくする」という技術ではなく，いうなれば「新しいライティング技術」として「光検出技術」とでもいうべき情報抽出の技術なのである。「どのように明るくするか」ではなく，「どのように検出するか」ということがその探求の中心課題になる。

1.4　ビジョンシステムとライティング技術

人間が見るのと機械が見るのとでは，その方式もアプローチも違う。これを理解していないと，様々なところで不都合が生じてくる。

例えば，ある装置メーカでは，いままで位置合わせ等にマシンビジョンシステムを導入していたが，ライティングという部分のコストはせいぜいハロゲン電球とライトガイド程度しか見積もっておらず，いざ動かそうとするとなかなか安定に動作しないということに手を焼いておられた。その原因は，装置自身の設計がライティングを考慮した設計になっていないことによる。

1.4.1　ライティングとシステムの性能

どんなに性能の高い装置でも，これを制御するのは今や視覚情報をもとに動作するマシンビジョンシステムである。そして，マシンビジョンシステムの性能の鍵を握っているライティングが貧弱だと，すべてがこれに律速されてしまうことになる。まさにこの新しいライティング技術，すなわち「何をどのように見たいのか」という機械の「心」の働きに相当する光検出技術は，あらゆるビジョンシステムのキー技術になっているわけである。しかし，実際に現場で，結果的に何をしたいのかを問うと，きょとんとした顔をされることが多い。照明屋にそんなことは必要ない，と思われるのだろう。

1.4.2 照明と全体のコストバランス

筆者自身も今までに数多くの事例に接してきたが，マシンビジョンライティングを「照明の当て方」や「光の当て方」と考えておられる方は，ライティングが重要だと口ではいっておられても，その実，そんなものは何とでもなると考えておられることが多い。それが特徴情報を抽出するというマシンビジョンシステムの根幹に関わる部分にもかかわらず，その部分でコストが嵩むことに難色を示されるケースが多い。ライティングはたかが明るくするための部品で，マシンビジョンシステムを補助するものであり，マシンビジョンシステムそのものよりコストが嵩むことなどとても受け入れられない，ということであろう。しかし，自動で実現できないものの中にこそ，より大きな付加価値がある。実際に，どんなに優秀な高性能の機械も，ライティングの良し悪しで性能が制限されてしまうのである。

マシンビジョンが一通り浸透し，その第一世代のシステムの評価がフィードバックされるにつれ，設計上，今まで最も下流のシステムとして扱われてきたライティングが，実は最も上流のシステムであったことに，設計者自身が気づき始めている。

2．ライティング技術概論

ライティング技術（Lighting Technology）とは，光を介して，様々なものを認識するための照明法を開発し，ライティングシステムの最適化設計をする技術のことを指す。照明というと，普通は室内の照明や屋外の街燈を思い浮かべられることだろう。そしてまずは，明るくすれば何でも見えると思ってしまう。しかし，明るくすれば何でも見えるかというと，必ずしもそういうわけではない。特にFA用途においては，どのように明るくするかが，非常に重要になってくる。そこで本章では，ライティング技術の必然性とその基礎技術についてご紹介し，なぜライティング技術が画像処理の成否を握るといわれるのかをあきらかにしたい。

ここ数年，CCD（Charge Coupled Device）やCMOS（Complementary Metal Oxide Semiconductor）イメージセンサを介して対象物の画像をデジタル情報として取り込み，その画像情報をパソコンや組込用のMPU（Micro Processing Unit）を利用した画像解析技術によって分析する，いわゆる画像処理によるFA化が急ピッチで進行した。そしてにわかに脚光を浴びたのが，画像処理用途向けライティング技術のフィールドである。

この分野を専門に扱うフィールドは，まだ学会においても見あたらない状態である。しかし，大手装置メーカでは，開発段階でライティングを中心に据えたDR（Design Review）を重視し始めている。最近では，商品開発時に画像処理による制御・検査を念頭に置いて，専門メーカにライティングの方式設計が依頼されるようになってきており，ライティングそのものが，重要項目として認識されている。そして，画像処理マターでは『ライティング技術がその正否の80％を握っている』といわれている。確かに，見えないものは画像処理のしようがないわけでそれも当然であろう[1)]。

2.1　ライティング技術とFA向けマシンビジョン

人間の視覚（ヒューマンビジョン）に対比して機械の視覚のことをマシンビジョンと呼ぶ[2)]。一般の照明では，人間の生活がベースとなっているので，人間の目の特性に合わせた照明が基本であり，太陽光に近い白色光源が中心となる。そして，演色性という尺度があって，いかに多くの情報を一度に取り出せるかということに重心が置かれ，人間にとって心地よいかどうかという価値尺度が中心になっている。

2.1.1　FA向け画像システムの特異性

しかし，FAフィールドにおけるライティングでは，目視，画像処理を問わず，着目する特徴点をいかに安定して認識することができるか，ということが重要視される。すなわち，種々雑多な情報の中から，着目する特徴点をいかに安定に抽出することができるか，ということが課題となる。また，通常では認識しにくいものをいかに安定に識別し，更に，情報の曖昧さを排除した上で，いかに正確さと精度を向上させるか，といった点が重要になってくる[3)]。

では，日常，我々の身の回りにある照明に比べ，どこがどのように違うのか。そのひとつは，マシンビジョンで解析対象になる画像が，1枚ごとの静止画像だというところにある。1枚1枚の静止画の検査をする限り，ここに非常に繊細なライティング技術が必要になってくる。なぜなら，1枚の静止画の中に，必要な情報が過不足なく撮像されている必要があるからである。しかも，特徴点によって様々に変化するSN比を，うまく平準化しながら安定に撮像するのは容易なことではない。

2.1.2　FA用途でのライティング技術

ワークが変われば当然のごとくライティングの再設計が必要になるし，画像処理内容によっても，ライティングの再設計が必要になってくる。なぜなら，画像処理の内容によって何をどのようなコントラストで撮像すればよいかが変化するからである。

画像処理用途向けのライティング技術がにわかに脚光を浴びている大きな理由がここにある。しかも，このライティング技術においては，単に明るくするという照明本来の役割を超え，照射範囲や照射角度，平行度[注1]や照射波長という観点で，様々な被写体の特徴に合わせて，案件ごとに的確な設計が必要となってくる。FA用途におけるライティング技術は，我々が通常持っている照明の概念を，既に遙かに超えているといってよい。まさに，光と画像が，時代を次なるステージへと誘っているようである。

2.2　ライティングの基本方式

我々は，物体に光を照射して，その物体が光に与えた何らかの影響を見て物体の認識をしている。その最も顕著なものが，反射と吸収である。何の影響も受けなければ光はそのまま透過し，そこには何もないということになる。それでは，照射した光は，物体との相互作用の後どのような光になって返され，我々の目に入るのだろうか。

2.2.1　直接光と散乱光

物体から返される物体光として，直接光と散乱光を図2.1[1)]に示す。

まず，鏡のような面を想像してほしい。鏡のようなワーク面に照射された光は，そのまま反射される。これを正反射光（regular reflected light）という。また，透明なガラスでは，照射した光はそのまま透過する。これを正透過光（regular transmitted light）という。この正反射光と正透過光をまとめて直接光（direct light）という。または，反射直接光と透過直接光という。

次に，真っ白な紙を思い浮かべてほしい。鏡には顔が映るが，紙に顔は映らない。すなわち，照射した光はワーク表面で様々な方向へ散乱してしまう。同

[注1] 光源や物体から放射される光の相対的広がり角度が小さいことを，平行度が高いという。

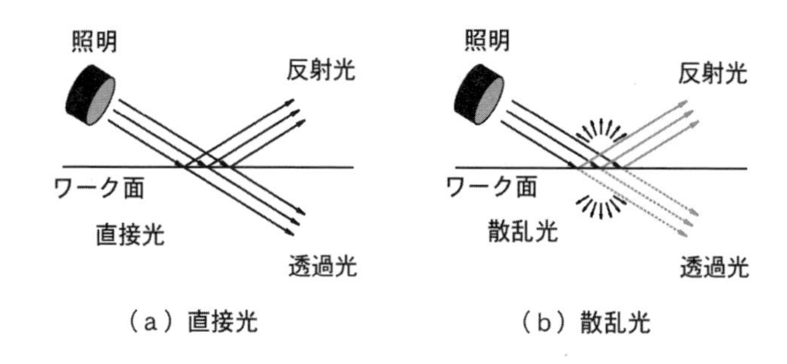

図2.1　直接光と散乱光

じように，磨りガラスのようなものでは，透明なガラスのように透き通って向こうのものが見えたりはしない。それでも光は散乱され，ボーっと明るく見える。これが散乱光（scattered light）である。または散乱反射光と散乱透過光という。

光が物体に当たると，大きく分けて直接光と散乱光の2種類の物体光として返される。当然，反射や散乱のされ方にも様々あり，特色のあるものもある。詳しくは，旋光や偏光，屈折や回折などという現象もあるが，光の伝搬方向の変化に着目すると，大きくはこの直接光と散乱光の2種類になる。

2.2.2　明視野と暗視野

画像の濃淡を得るには，物体から返される物体光の内，直接光で濃淡を得るか，散乱光で濃淡を得るか，このふたつにひとつになる。直接光でコントラストを出すには反射率または透過率の差を利用し，散乱光でコントラストを出すには散乱率の差を利用する。ここで，反射率・透過率というのは，特に断らない限り，本書では直接光の反射率・透過率という意味に使用するものとする。

簡単にいうと，照明法は，光を照射する照明と，観察されるワークと，観察するカメラなどの撮像手段の三者の関係によって決定されるが，これは決して

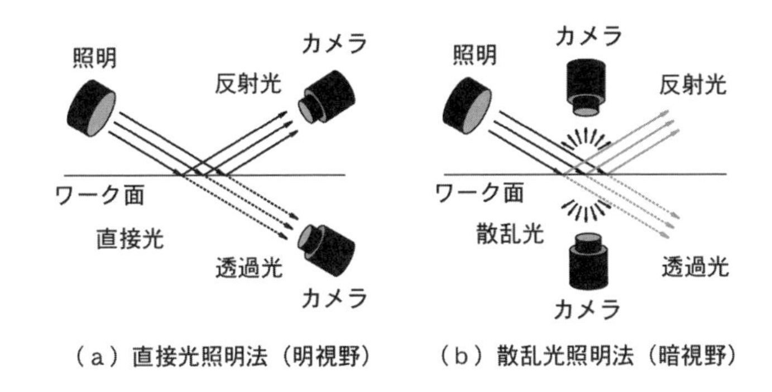

（a）直接光照明法（明視野）　（b）散乱光照明法（暗視野）

図2.2　直接光照明法と散乱光照明法

位置関係だけでは決まらず，観察光としてどのような物体光を見るかによる。

ワーク面に対して照明とカメラが同じ側にあるときが反射光の観察となり，違う側にあれば透過光の観察となる。そして，このどちらの場合においても，直接光を観察する構成を直接光照明法といい，散乱光を観察する場合を散乱光照明法という。

この様子を図２.２[4]に示す。直接光は，通常明るいことが多いので，明視野といい，それに比べて散乱光は暗いことが多いので，暗視野という。

このふたつの照明法を基本にして，実に様々なライティングシステムが構成される。そのキー要素の主なものに照射光の平行度と波長がある。

2.3　ライティングの諸要件

ライティング設計をするにあたり，押さえておくべき要件について簡単にまとめる。表2.1は，その諸要件項目をまとめたものである。

2.3.1　適用するアプリケーション

表2.1　ライティング設計の諸要件

設計要件	内容分類	検討項目	ライティングのキー要素
アプリケーション	外観検査	限界サンプルの検討, 検査ステップ数	安定性, S/N最適化
	文字認識	印刷／刻印, 分光反射率／散乱率	照射波長, S/N最適化
	寸法測定	分解能の明確化, 測定部位の設定	照射角度, 平行度
	位置合わせ	光学系, 動作機構, マーカーの安定度	光学系の最適化, ノイズの平準化
対象ワーク	着目する特徴点	異物／傷・欠け・打痕／汚れ／形状／色	平行度, 照射波長, 照射角度
	表面状態	鏡面／梨地, 曲面／平面, 反射・散乱率	照明法, 照射立体角
	形状	立体物／平面	照明法, 照射範囲, 照射角度
	材質・色	分光反射・吸収・透過特性	照射波長
光学・撮像系	視野範囲	画角, 倍率	照射範囲, 輝度
	エリア／ライン	解像度, 撮像方式	均一度, 輝度分布, 集光度
	ワークディスタンス	物体側NA, 被写界深度	照射角度, 照射立体角
	移動／静止	シャッタースピード, スキャンレート	輝度, 安定制御, 点灯モード
環境条件	動作機構	撮像ステージ・自由度の確保	撮像条件の明確化
	ハンドリング	制御／検査, タクトタイムの確保	撮像項目の絞り込み
	設置スペース	設置の自由度	反射／透過, 照射角度
	周囲環境	温度・外乱光	放熱手段, フィルタリング

画像処理アプリケーションは，大きく分けて，外観検査，文字認識，寸法測定，位置合わせの4つに分類される。

このうち，外観検査が最も種類が多く，物体の有り無しや形状判定から，色，異物，傷，打痕検査と，検査項目も様々である。一般に，外観検査では，形状の判定などを除けば，目的とする特徴点を抽出するのが難しいことが多い。それは，GO/NGの判定基準が実に様々で，すべての判定基準を明確に1枚の画像に映し込むことが難しいからである。このような場合は，いくつかのステップに分けて安定に撮像できるものを分離していく手法が有効な場合が多い。適用製品も食品から半導体まで実に幅広く，ライティングの分野でも，最も手がかかるのはこの分野であるといえる。

文字認識には，いわゆる文字だけではなくバーコードや二次元コードなども含まれる。この分野は，文字やコードを作りつける段階からその判別の仕方を工夫できる場合も多く，適当な照明を選べば比較的安定に撮像できることが多い。印刷物の場合は，分光反射率の差で濃淡差を出すことが多いため，散乱光照明が一般的である。レーザマーカや打刻文字など，表面の凹凸によって印字する場合は，直接光照明が有効なことも多い。ただしノイズの多い面での読み取りは工夫を要する。

寸法測定は，一般に輪郭のエッジを精度良く撮像することが求められるため，照射光の平行度がポイントとなることが多い。反射型では映り込みの除去がポイントとなり，透過型では光の回り込みがチェック項目となる。

位置合わせ用途は，半導体関連で精度を要求される案件が多い。この分野では微細なワークが多く，一般に光学倍率で4～10倍程度に拡大する場合が多い。ここで問題になるのが，光量とワークディスタンスである。アラインメントマークはエッチングで作られることが多く，場合によってはエッジ周辺の明確な濃淡差が取りにくい場合も少なくない。この分野では，プロセスばらつきなどに対応するために，直接光照明と散乱光照明が併用されることが多く，これまではライティングの自由度が低く，ライティング技術が高度に駆使されることが少ない分野でもあった。また，光学系と機構動作系との関連が高く，一体型の設計が必要とされることが多かったことも影響している。

画像処理用途において自由度の高いLED照明でも，これまでは，光量と機構・光学系からくる制限が大きいことから，この分野への適用が難しいとされてきた。しかし，高い集光技術と放熱技術を駆使した高輝度のLED照明が世に出て，この状況も一変しようとしている。

2.3.2　対象ワーク

使用用途による特長をつかんだら，次は，実際に撮像するワークは何か，ということである。そのワークのどのような特徴点に着目するのか。異物なのか，傷・欠け・打痕なのか，汚れなのか，マーカなのか，形状なのかといった条件を洗い出す。また，主に直接光を観察するのか，散乱光を観察するのかを決める必要がある。その際の条件に，ワークの表面状態が挙げられる。鏡面なのか，梨地なのか，曲面／平面のどちらなのかといった条件である。

ここで，中心とする照明法を決め，次にライティングの詳細設計をしていく。このときに重要なのが，照射立体角[注2]の最適化と，ワークの撮像面が，立体物か，平面かといった照射範囲や照射角度に関わる条件である。その次に照射する光の波長を最適化するための情報として，ワークの材質や，何色で，透明度はあるかといった条件が必要となる。

2.3.3　撮像・光学系／動作機構

光学系との関連で必要となる事項に，撮像する視野範囲がある。これは，ライティングと光学系の関係いかんによって変更が必要な場合も多く，システム変更で許容される優先順位をよくわきまえておく必要がある。更に，観察光軸の画角と照射光，観察光の平行度の問題から，許容されるワークディスタンスが重要な要素となる。また，ワークディスタンスに関連する項目としては，光学系の物体側NAと照射立体角の関係は，外すことができない要件である。なぜなら，この両者で光の伝搬方向に関する変化のS/Nが決まってくるからである。

最後に，撮像するワークが動いているか，止まっているかといった撮像系との関連で，動いているなら，これは光学系にも関わってくるが，分解能をどのあたりに設定しなければならないかを決定する。すなわちシャッタスピードをどの程度に設定するかということである。また，撮像カメラをエリアセンサにするか，ラインセンサにするかといった事項もライティングとの関わりが大きい事項である。一般には解像度を得るためにラインセンサにする場合が多いが，ライティングとの関わりで決定されることも多い。

例えば，円柱に代表される回転体で構成されるような立体物を撮像したり，光沢のあるウェブものなどでは，撮像視野に対して微妙な照射角度などの条件を一定に保てるラインセンサが適している。ただし，一般にこれまでのラインセンサは感度があまり良くないことから，光量の充分に取れる照明が選択され

注2　照射立体角とは，照射光軸上の物体の１点に照射される光束を，その点を頂点として円錐状の立体角で表した量である。

てきた経緯がある。しかし，光量を潤沢に取れる照明は，その経時変化や制御性，寿命に問題がある場合が多く，従来から大きな課題とされている。そこで，最近になって発光効率の向上が顕著なLED照明が注目されている。

2.3.4　その他の条件

その他，種々の設置条件として，許容される照明の大きさや，ワークから照明までの距離（LWD），反射型／透過型の可・不可などの付帯条件がある[5),6),7)]。そして，忘れてはならないものに，温度や外乱などの周囲環境がある。

以上，ライティングの詳細設計には，マシンビジョンシステム全体の制約条件をよく把握して，これに取り組む必要がある。ライティングの設計が難しい，若しくは安定しないということになれば，これがその装置全体の性能を制限してしまうことになってしまう。したがって，開発段階からよくよくライティングへの配慮を欠かさないことが肝要である。

2.4　ライティング技術と照明器具

以上で，ライティング技術に関して，まず（1）マシンビジョンにおけるライティングの必然性と，その利用にあたって（2）物体認識の基本的な考え方と基本方式，そして（3）ライティングの観点から押さえておくべき諸要件，について述べてきた。ライティング技術というフィールドは，マシンビジョンの世界で，実は，「何を，どのように見るか」ということを決めている視覚機能の中核を担っているのである。

2.4.1　ライティング技術への関心

マシンビジョンの世界では，近年の超LSI技術の進展により，簡単な画像処理システムそのものはシングルチップに収まるようになってきた。今後，例えばCMOSイメージセンサ内のロジック回路として超小型のカメラ内に収まってしまうようになるのは，もう時間の問題といえる。それに伴って，当然システムの価格も一昔前とは比べものにならないほど低価格になっており，その中でライティング部分の占めるコストは，相対的に非常に大きくなってきている。しかし，これで本質的に開発コストを充分割かねばならないフィールドがクローズアップされることになり，必然的に，ライティング技術に対する関心が高まっているのも，うなずけるところである。

2.4.2　ライティング技術の分化

FA用途におけるライティング技術は，単に明るくするという意味の照明とは，ずいぶんと違った世界である。既にマシンビジョンの世界で主流となったLED照明[8]は，標準品だけでも300種類を超えるラインナップがあり，更に増え続けている。これは，標準品というネーミングではあるが，工業製品の慣例上の標準品とは違い，実際には個々の案件ごとに実に細やかなカスタマイズ設計が必要な分野であることを示している。したがって，ここに必然的にライティングの専門メーカと照明器具の専門メーカとの棲み分けがなされようとしている。

照明器具は，ライティングシステムを構築するための手段であり，ライティングの専門メーカの本当の商品はライティング技術であるといえる。このライティング技術が真に理解され，今後，FA用途向けの高付加価値なライティングシステムが豊富に供給されることを願っている。本書でご紹介したライティング技術により，これから，種々多様な分野で形を変えたライティングシステムが，様々なビジョンシステムの新たな扉を開いていくことを祈る。

参考文献

1）増村茂樹，“画像システムにおけるライティング技術とその展望”，映像情報インダストリアル, vol.34, no.1, pp.29-36, 産業開発機構, Jan.2002.

2）江尻正員，“マシンビジョン総論”，O plus E, Vol.24, No.12, pp.1335-1341, 新技術コミュニケーションズ, Dec.2002.

3）高木裕治, 中川泰夫，“産業応用におけるマシンビジョンの現状”，O plus E，Vol.24, No.12, pp.1342-1347, 新技術コミュニケーションズ, Dec.2002.

4）増村茂樹，“画像処理システムにおける照明技術”，オートメーション, vol.46 No.4, pp.40-52, 日刊工業新聞, Apr.2001.

5）米田賢治，“画像処理装置におけるLED照明の役割”，画像ラボ, pp.32-35, 日本工業出版, Oct.2000.

6）シーシーエス株式会社, 画像処理用LED照明総合カタログ, Oct.2000.

7）八木　一，“画像処理と照明1～11”，映像情報インダストリアル, Apr.2000～Feb.2001.

8）キリンテクノシステム，“画像処理応用検査システムの構成要素と導入のポイント”，画像ラボ, vol.13, No.4, pp.51-60, 日本工業出版, Apr.2002.

3. ライティング技術の要点

本章では，マシンビジョンにおけるライティングシステムの設計をするにあたり，その手段としてのLED照明の適合性を中心に紹介する。また，LED照明を応用したライティングの基礎技術と今後の展開について，現状での応用例を示しながら，ライティング技術全体を展望する。

マシンビジョンの世界では，様々なものを認識するために，対象物を1枚ごとの静止画像として取り込む。これが，時間のファクタを内包した人間の視覚（ヒューマンビジョン）との最大の違いである。1枚の静止画像に，対象となる特徴点を，或る一定のSN比をもって，しかも安定に映し込む技術は，実に精妙なるライティング設計を必要とする[1),2)]。すなわち，その1枚の画像には，対象とする特徴点が過不足なく映し込まれていることが要求される。そのため，ライティングの詳細設計に必要となる照射範囲や照射角度，及び照射光の平行度や波長の制御が比較的容易にできるLED照明が，画像処理用途において主流となってきている[3)]。

3.1 物体認識のメカニズム

さて，ヒューマンビジョンの世界では，おおまかにいうと，光の強さ「明暗」と，もうひとつの重要な判断情報である「色」で，物体を認識している。しかし，この「色」という情報は物理量ではなく，人間の目の感覚によってもたらされる感覚量，心理量である。したがって，光の三原色（RGB）の法則は，自然法則でもなければ物理法則でもない[4)]。

3.1.1 色の感覚

物体認識において「色」を扱う場合は，この点をよく考慮していないと思わぬ落とし穴にはまることがよくある。すなわち，色は物体が持っている物理量ではなく，人間が勝手にそのように感じているだけで，それがいつも最適な感じ方であるとは限らないわけである。

赤く見える物体は，照射した白色光のうち赤い光の成分を反射し，それ以外の緑，青の成分を吸収してしまうので，赤く見えている。同じように，緑は緑だけ，青は青だけの光を反射し，それ以外の成分を吸収してしまう。図3.1の(a)に，この様子を示す。

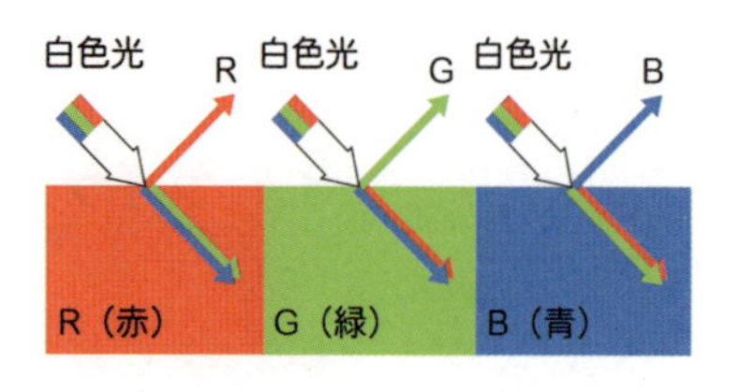

(a)　白色光照射・人間の視覚認識

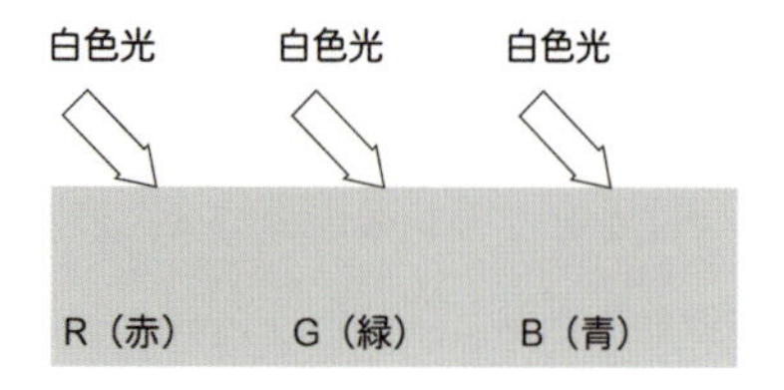

(b)　白色光照射・モノクロ光センサ

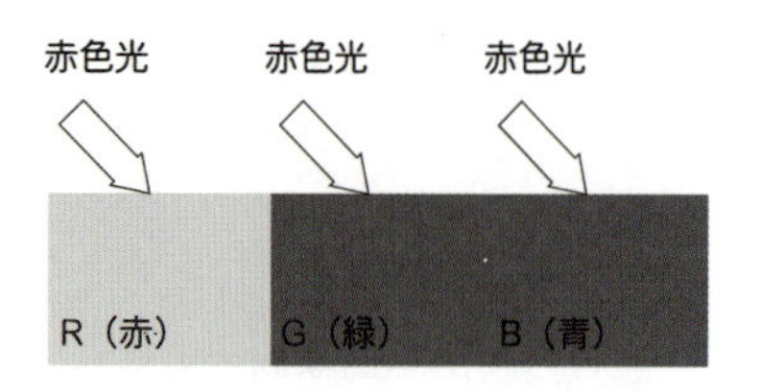

(c)　赤色光照射・モノクロ光センサ

図3.1　照射光と色識別のメカニズム

しかし，この画像を，濃淡画像すなわち単一センサで見ると，RGBの明度が同じ場合，図3.1の(b)のように，すべて同じ階調となり色の判別ができない。

ところが，この白色光を赤色光に変えると，赤い色の部分だけがこの赤色光を反射して明るくなり，その他の色の部分は赤色光を吸収して暗く見えることになる。この様子を，図３.1の(c)に示す。

色の判別は，実は，人間の目の網膜細胞にある３種類のL・M・S細胞によって，３種類の波長帯域毎の光の明暗差によってなされているのである。L・M・S細胞の感度範囲は，それぞれ可視光帯域の長波長，中波長，短波長域にある。この３種類の細胞の明暗により，長波長域が赤に，中波長域が緑に，短波長域が青という感覚量に翻訳されて，色が感ぜられている。

3.1.2　色の識別

ヒューマンビジョンにおいては，色こそ何か特別な尺度のように思っているが，光の明暗の組み合わせに過ぎないわけで，いうなれば色は白黒から作られているので，その濃淡の最適化によって比較的簡単に所望のコントラストを取り出すことができるわけである。

人間の感じている色は，可視光帯域におけるスペクトル分布のプロファイルを，３種類のセンサの濃淡情報によって大まかに感知しているといって良い。広義に考えると，色とはスペクトル分布のプロファイルであると考えることができる。

多くの場合，照射する光のスペクトル分布が狭くなれば，よりコントラストは明確になり，逆に照射光のスペクトル分布がブロードになれば，白色光に近くなってコントラストが下がってくる。なぜなら，スペクトル分布のプロファイルそのものは，広い波長範囲で見るとその細かい変化がならされてしまうからである。

したがって，適当な波長を選べば，人間の目では判別しにくいものまで，認識することができる。例えば，図3.2に示すように，最近普及しているインクジェットプリンタの黄色のインクは，白色の紙にテスト印字させても白色光では極めて判別しにくいが，470nm近辺の青色光を照射すると，黒色インクのよ

(a) 白色光を照射

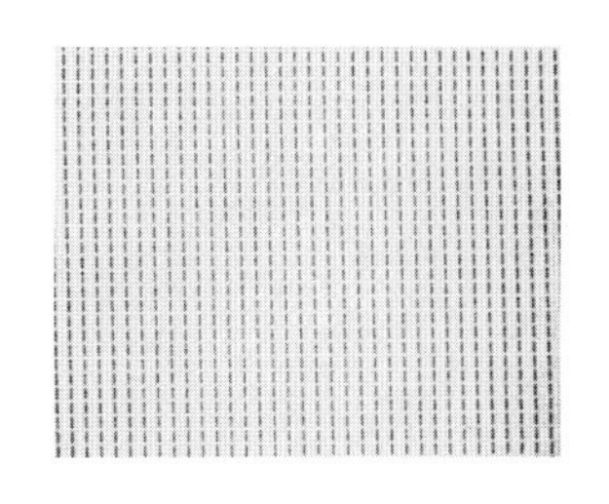

(b) 青色光を照射

図 3.2　プリンタの黄色インクの撮像

うに見事にくっきりと見える[5]。

つまり，ものを見るには，ものが照射光に対して及ぼす影響のうち，どの波長帯域でどれほどの濃淡差を生じさせうるか，ということがポイントになっている。この濃淡差をうまく捕捉するには，単一センサで照射光の波長を変えるか，全波長帯域を含む白色光を照射して感度特性の違う複数のセンサで撮像するかのどちらかになる。

電磁波の一部である光を用いて物体を認識するということは，結局，「光の明るさ，すなわち画像の濃淡がそのキー要素になる」ということである。

3.2　ライティング技術の応用

光の明るさ，すなわち明暗は，画像においては濃淡になる。この濃淡を得るには，反射率の差を利用する直接光照明法と，散乱率の差を利用する散乱光照明法が基本となる（2.2.2節参照）。一般に，直接光照明法を明視野，散乱光照明法を暗視野というが，これは決して明るいから明視野，暗いから暗視野というわけではないことに，留意する必要がある。

以下，実際のワークの撮像例を示しながら，その基本特性について説明を加えるが，ここでの実験照明は，すべてシーシーエス製のLED照明を使用した。

3.2.1　明・暗視野の濃淡差の基本

図3.3はローラーカッターの刃で，表面に文字が打刻されている。照明は，内側が面発光になっている円筒型拡散光照明を使用した。この照明をワークに近づけると，文字が光を散乱して白く光る。これが，(b)の暗視野で，散乱光照明法と呼ばれるがごとく，散乱率の差でその画像の濃淡が形成されていることが分かる。

今度は照明を少しずつ上に上げていくと，文字と表面のコントラストが入れ替わる。これが(a)の明視野で，直接光照明法である。直接光照明法では，表面で反射された直接光で文字以外の部分が白く撮像され，文字部は光が散乱され

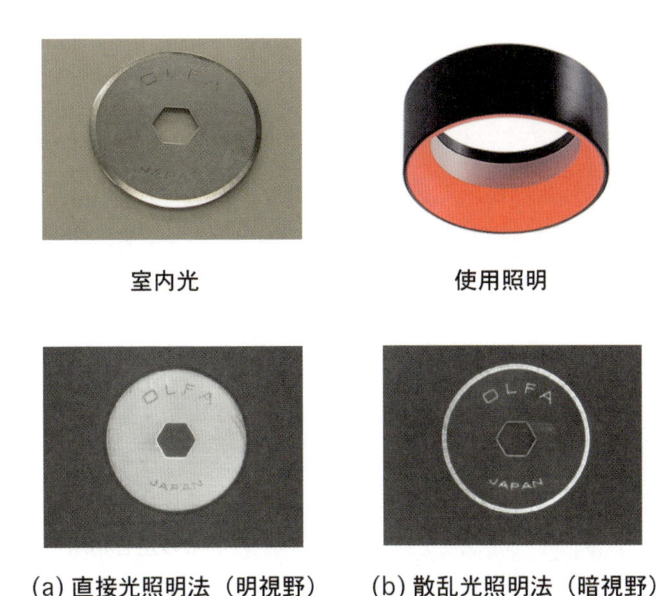

(a) 直接光照明法（明視野）　(b) 散乱光照明法（暗視野）

図 3.3　ローラーカッター刃表面の撮像例

て戻ってこないため，黒くなっている。このことは，反射率の差で濃淡が形成されていることを示している。

このように，同じ照明であっても，ワークと撮像光学系との相対関係で照明法そのものが変わるため，明視野と暗視野でコントラストが逆転したわけである。コントラストが逆転する理由は，両照明法での濃淡が，かたや反射率，かたや散乱率で決定されているからである。反射率と散乱率は相反するパラメータであるので，その濃淡が逆転するのは，しごく当然である。

図3.4は，鉄系フレームの中心に銀メッキを施したものを，基本となるふたつの照明法で撮像した例である。

明視野の直接光照明法では，(a)のように周辺も中心部も同じように明るく光ってしまうが，暗視野の散乱光照明法では，(b)のように中心部の銀メッキ部

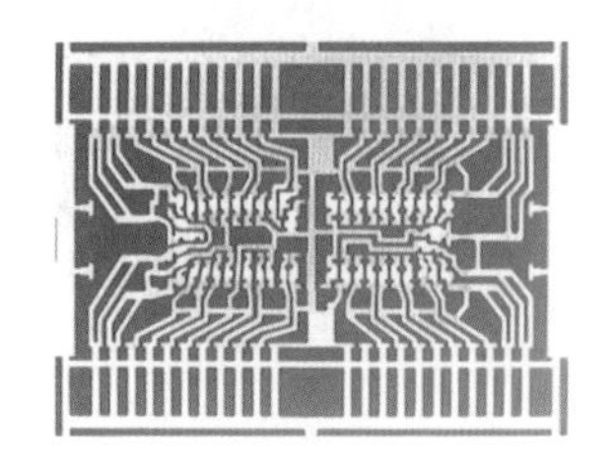

(a) 直接光照明法（明視野）

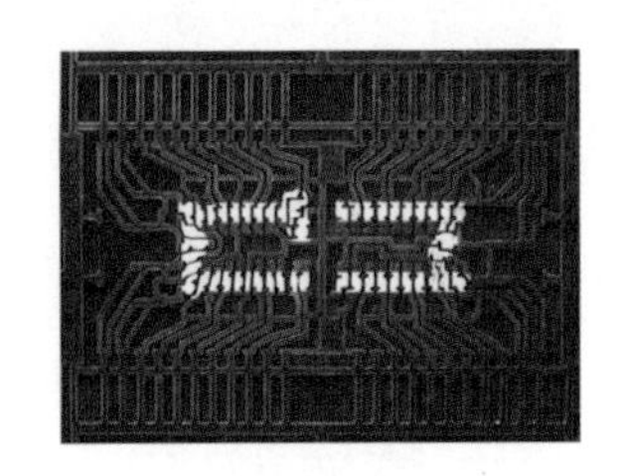

(b) 散乱光照明法（暗視野）

図 3.4　鉄系フレームの銀めっき中心部の撮像例

分だけが選択的に撮像されている。これは，銀の表面が大変酸化されやすく，表面が微視的にざらついてしまうことを利用している。

ここで，(a)の明視野の例であるが，このワークは表面で直接光の分散反射[注3]が起こっており，この(a)の撮像例では入射光に対して正反射方向の光を捉えていないために，明視野では本来暗くなるはずの銀メッキ部分も明るく撮像されていることに注意されたい。

金属の表面から返される光は，もともと反射率が非常に高いので，直接光が特に強調されやすいという特徴がある。また，その表面状態によっては直接光の分散反射が発生しやすく，ライティング設計においては特に注意を要する。

3.2.2　明・暗視野の濃淡差の制御

図3.5は，透明なパッケージのカセットテープである。暗視野の(b)では，表面に印刷された文字の表面で光が散乱され，白く撮像されているが，内部のテープリールも見えてしまい，印刷文字と重なっている。これを明視野の(a)で見ると，カセットの表面だけで反射してきた直接光を撮像するので内部のリールが見えず，印刷文字だけが暗視野の時とは反対に黒く撮像されて濃淡が発生

[注3] ここでいう分散とは，物体界面で直接光が或るバラツキ角をもって反射または透過される現象を散乱光とは区別するために使用しており，光学の世界でいういわゆる分散とは異なるので，注意されたい。

室内照明

使用照明

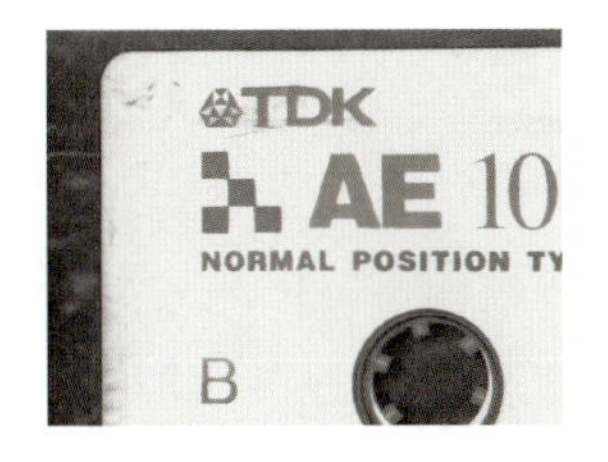

(a) 直接光照明法（明視野）

(b) 散乱光照明法（暗視野）

図 3.5　透明パッケージのカセットテープ撮像例

している。

このとき，文字部に着目すると，暗視野では文字毎に濃淡が出ているのに，明視野ではどの文字も一様に暗く見えることに注目されたい。実は，この文字は同じ色のインクではなく，違う色で印刷されているのである。

暗視野では，主に散乱光の明暗差に撮像系のダイナミックレンジを合わせているので，色による分光反射率の差が判別しやすいが，明視野では直接光の明暗差に撮像系のダイナミックレンジが合っているために，文字部の色の差が出にくくなっている。もちろん，明視野においては直接光の反射率が表面の状態に大きく依存していることによって，物体本来の分光特性が隠れやすいという原因もある。

ここで，この直接光照明に使用している照明は面発光の照明である。直接光照明では，一般に均一な面照明を使用する。理由は，程度の差はあるが，直接光照明ではワーク面に映った照明そのものを観察することになるからである。

直接光照明で，照明の角度を立てていってワークに対して垂直にすると，カメラの観察光軸と一致する。これが，ハーフミラーやビームスプリッターを利用した同軸照明である。したがって，同軸照明は直接光照明であることが多く，一般に面照明が使用されている。反射の場合が反射型同軸照明，透過の場合が透過型同軸照明という。透過型同軸照明は，一般にバックライトと呼ばれている。

図3.6は立体物の例で，電解コンデンサを横から見たものである。(a)の直接光照明では，どうしても表面に照明が映り込んでしまい，グレアが発生してしまう。しかし，これを暗視野で見ると，表面で散乱された物体光を観察することで，(b)のように均一な撮像ができているのが分かる。この例では，直接光がカメラに返らない角度から，なおかつ表面の照度が均一になるようにLED照明を使用している。

こうしたライティングは，実は，LED照明の照射光の指向性が強いからこそ可能な手法なのである。例えば，これを蛍光灯で照射しようとすると，グレアなしに均一に照射することは非常に難しくなる。

一般の照明では，照明から距離が離れると，照度が低下して暗くなるのが普

(a) 直接光照明法（明視野）

(b) 散乱光照明法（暗視野）

図 3.6　電解コンデンサの表面撮像例

通である。ところが，平面基板に実装された砲弾型のLEDで光を照射するLED直射型の照明では，或る条件で，照明からの距離によらず，照度が一定になるという特徴があり，暗視野照明ではLEDの直射型照明が特に有効なのである。

3.3 照射光の平行度

照明法の基礎を押さえた上で考慮すべきこととして，それではどのような光を照射すればいいのか，ということについて，その重要なパラメータのひとつである照射光の平行度について述べる。

3.3.1 LED照明の配光特性

画像処理用途向けの照明としては，最近，特にLED照明がごく普通に適用されるようになってきた。このLED照明の最大の特長が，実は照射光の平行度にある。

図3.7に，LED照明の配光特性を示す。ここでは砲弾型のLEDが使用されており，それが平面基板上に等間隔で実装されている。

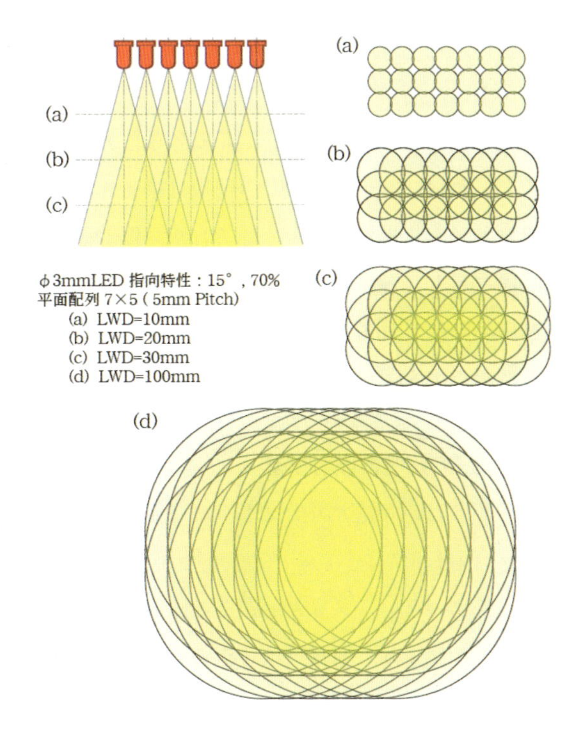

図3.7　LED照明の配光特性

砲弾型のLEDは，そのレンズ効果もあって非常に指向特性が強く，狭い配光特性を示す。

したがってLED照明では，照射面の各点に対してそれぞれ真上にあるほんの少しのLEDの光しか届かない。つまり，被写体にはLED1個1個からのブツブツの光しか届いていない。照明と被写体との距離が離れると，被写体の同一点を照らすLEDの個数は増えて，均一な照射範囲が現れる。しかし，実はこのときも被写体に照射される光の角度バラツキは一定になっている。

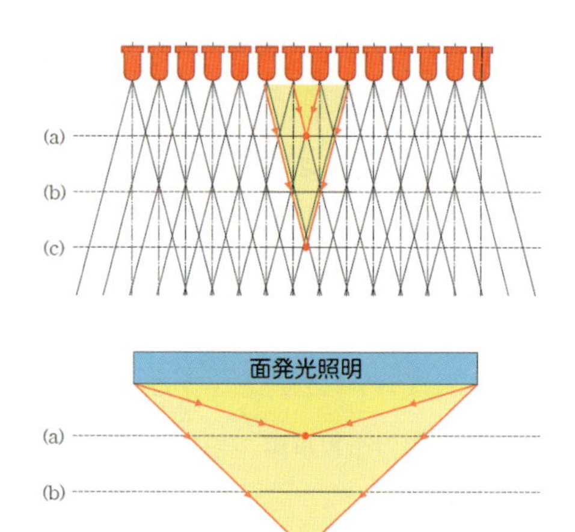

図3.8　LED照明と面発光照明の照射構造

図3.8は，LED照明の配光の様子を側面から見た様子である。照明から遠ざかると，照射に寄与するLEDの個数は増えるが，被写体に照射される光の角度バラツキは一定になっている。これが，LED照明の最大の特長なのである。これに比べると，蛍光灯などのように全方位に拡散する発光面を持つ照明では，被写体に照射される光の平行度が落ちてしまう。蛍光灯などでは見えにくい微少な特徴点でも，LED照明だと見事に浮かび上がる理由はここにある。

3.3.2　LED照明の照射構造

LED照明は，伊達に小さなLEDを1個1個実装しているわけではない。LEDチップ1個は非常に小さく，点光源と見なすことができ，この点光源は光学的に扱いやすいというメリットがある。LED照明では，その複数の点光源を自在に操ることにより，通常では考えられないような，様々なライティングを実現することができる。光の照射角が比較的狭いLEDを多数個使用し，ワークのごく近傍で様々な効果を現出させることができる。

ワークに比較的近い距離で平行度の高い光を扱える，というメリットは，非常に大きい。

太陽の直射光は，太陽が非常に遠くにあるために平行光になっている。同じように，簡単に照射光の平行度を上げるには，照明をワークから遠ざければいいのである。しかし，照明がワークから遠くなるとふたつの不具合が起こる。ひとつは，光量の問題。特に照射光が拡散光の場合は，光の逆二乗の法則が効いてきて，ワークに到達する光が弱くなってしまう。そしてもうひとつは，照射方向や照射範囲の自由度が極端に悪くなることである。これでは，明るくするだけの照明になってしまう。

明るくすること，すなわちそこに光が存在することは，既にご紹介したように，ものを認識するための必要条件ではあるが，決して十分条件ではない。このことから，LEDという小さな光源は，FA用途のデリケートなライティング設計に非常にうまくマッチングしているといえる。

3.4　照明法と照射光の平行度

照射光の平行度という概念は，被写体を面で捉えようとするときに重要な概念で，これを微視的に点の明るさとして捉えるときには照射立体角という考え方になる。結像光学系を通してその結像画像の特性を論じる際には照射立体角の考え方が不可欠であり，本書でも10章で触れるが，詳細は応用編に譲る。

3.4.1　暗視野における照射光の平行度

暗視野照明では，散乱光だけをうまく観察できる代表的な照明に，ローアングル型のリング照明がある。構造は簡単そうに見えるが，ここでもLED照明の最大の特徴である照射光の平行度が重要なファクタとなっている。

通常，傷などの場合，照射光の平行度が高いほど濃淡差は得やすくなるが，光の照射方向によって散乱したりしなかったりする角度依存性が存在する。この角度依存性には，ワーク面に対して高さ方向の角度依存性と，水平方向の角度依存性がある。同じような傷の場合は，高さ方向の角度依存性は小さいことが多いが，水平方向の角度依存性は，非常に大きいことが多い。また，シリコンウェーハの傷などのように，高さ方向の照射角度依存性も非常に大きいものがある。

このような様々な特徴点を安定に撮像するには，どのような照射光が最適なのだろうか。

LEDのローアングル型リング照明では，照射光の平行度を保ちながら，高さ方向の照射角度に適当な幅を持たせたうえで，水平方向では全方位から光を照射することができる。これは，明るくするというだけの一般の照明では実現し得ない，特殊なライティングである。このような照射光により，あらゆる方向の傷に対して，安定に散乱光を発生させることが可能なのである。

それでは，図3.3で実験ワークに使用したローラーカッターの刃を用いて，この見え方の違いを検証してみよう。図3.3で使用した筒型の照明は，内側を

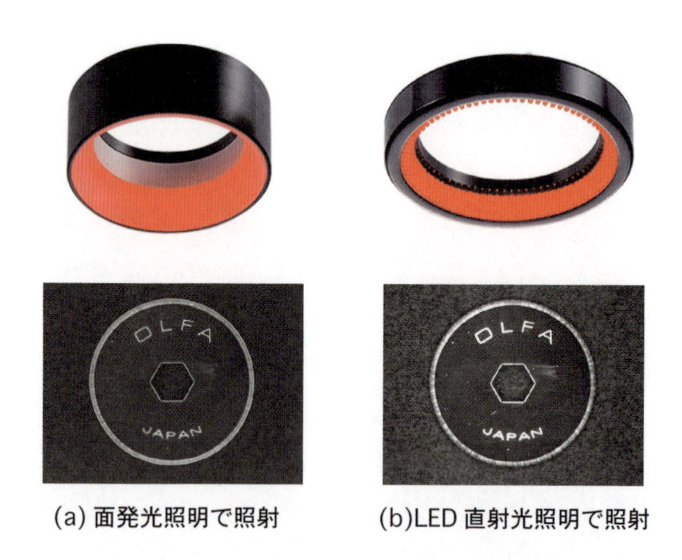

(a) 面発光照明で照射　　(b)LED 直射光照明で照射

図 3.9　ローラーカッターの刻印文字の暗視野撮像例

面で拡散発光させている。したがって，光は一応ローアングルで照射されるが，その平行度は低く，蛍光灯に近い拡散光の照射になっている。この様子を図3.9の(a)に示す。対して，(b)は砲弾型LEDを使用したローアングルの直射型リング照明を使用して撮像した画像である。

(a)は拡散光のリング照明を使用した場合で，ワーク全体のコントラストが比較的低いレベルで均一に見えている。これを直射型リング照明に変えると，直射型リング照明の方が照射光の平行度が高いため，カッターの刻印文字のコントラストが向上しているのが確認できる。

また，拡散光のリング照明では見えにくい，細かい傷や異物が，直射型のリング照明では見事に浮き上がって見える。すなわち，照射光の平行度が上がって，S/Nが向上したというわけである。

3.4.2　明視野における照射光の平行度

それでは，照射する光の平行度によってワークの見え方がどのように変化するのであろうか。以下，いくつかの撮像例について解説を加えながら，そのメカニズムについて考えてみたい。

図3.10は，ボールベアリングのケースを横腹から見たものである。表面状態

(a) 室内拡散光照明
（平行度：低）

(b) 拡散光同軸照明
（平行度：高）

図 3.10　ボールベアリングケースの撮像例

の違う幾層かの金属製リングがあり，真ん中の梨地の金属表面に文字が刻印されている。梨地なので，直接光が場所によって様々な方向へ反射している。また，刻印文字部でも，散乱光に近い光がやはり様々な方向へ反射されているので，(a)のように，室内光のような一般の拡散光の照射では刻印文字と梨地面との濃淡差が低く，見にくくなっている[注4]。

これに対して，(b)は面発光の同軸照明で，拡散光ではあるが適度な平行度を持つ光を照射した様子である。仮に平行度がもっと高いと，直接光照明なので梨地面も真っ暗になってしまう。このように，適度な平行度を持つ光では梨地面は明るく，文字部が暗く撮像されて，必要な濃淡差を得ることができる。また，内側の金属リングは，より光沢面に近いので直接光の反射角度のバラツキが小さく，単位面積当たりの平均輝度が高くなって明るく撮像されている。

図3.11の(a)は，図3.10の(b)と同じ面発光の拡散光同軸照明を用いてボタン電池の表面を見たものである。

このボタン電池の表面は，ボールペンで軽くへこませてある。しかし照射光の平行度がまだ低い状態なので，この打痕を鮮明に見ることができていない。これを，平行光学ユニットによって照射光の平行度を更に上げると，(b)のよう

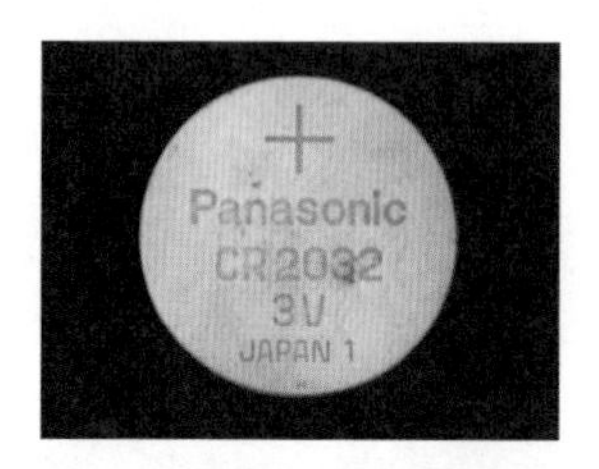

(a) 拡散光同軸照明
（平行度：低）

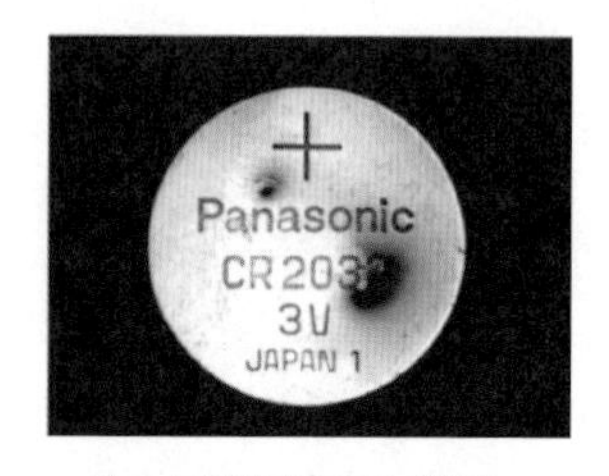

(b) 平行光同軸照明
（平行度：高）

図 3.11　ボタン電池表面の撮像例

注4　このような現象を直接光の分散反射といい，詳細は照射立体角と分散立体角，及び観察立体角との包含関係で解析することができる。

に打痕を確認することができる。しかもそれだけではなく，表面の細かい傷や異物がより鮮明に見えるのに加えて，刻印文字のコントラストも向上していることが分かる。

3.5　透過型照明と平行度の最適化

前節の3.4節では反射型の明視野，それも反射型の同軸照明について述べたが，本節では透過型の同軸照明で，そのなかでも透過型の明視野について説明する。照明から発せられた光束の相対関係が変化しないのが直接光で，その直接光を観察するのが明視野であることから，反射型でも透過型でもその照明法の基本は同じである。一方，透過型の暗視野照明も，紙や光を散乱透過する物体を観察する場合に使用されるが，この解説は応用編に譲ることとする。

3.5.1　透過型照明と照射光の平行度

透過型の同軸照明は一般にバックライト方式といわれている。透過型と反射型の同軸照明を多用する用途に顕微鏡がある。なぜなら顕微鏡は非常に高倍率なため，いわば非常に微少な範囲を光学的に引き伸ばして見ることになり，単位面積あたりの光量が不足することになる。だから，直接光照明法で，できるだけ光量を上げて見ているわけである。

図3.12は，持ち手が透明な樹脂製の押しピンである。これを拡散光のバック

(a) 拡散光同軸照明
（平行度：低）

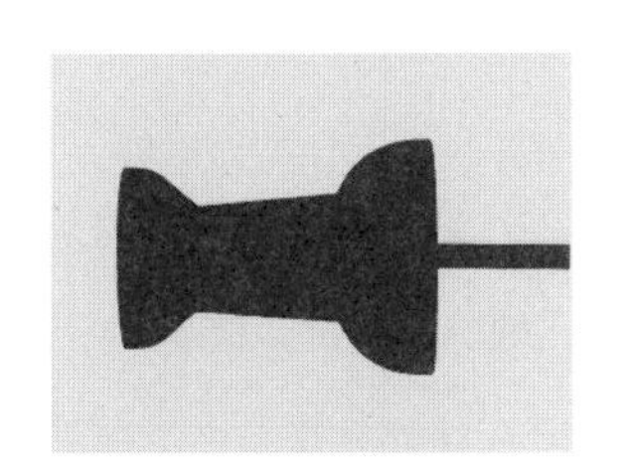

(b) 平行光同軸照明
（平行度：高）

図 3.12　持ち手が透明樹脂の押しピンの撮像例

ライトで見ると，(a)のように当然，透明な部分は透明なままに見える。しかし，これを平行光のバックライトにすると，(b)のように透明な持ち手がほぼ全面真っ黒になって見える。これは，入射した光が透明な樹脂によって屈折されてしまったからである。したがって，透明な物体の外形検査や液面検査などは，平行光によってその精度を格段に上げることが可能となる。

図3.13は金属の丸棒である。この金属の丸棒を，拡散光のバックライトで観察すると，(a)のように照射光が丸棒の側面に回り込んでしまう。したがって側面も光ってしまい，この状態では輪郭を正確に捉えることが難しい。これを平行光で照射すると，(b)のように見事に輪郭が明確になる。

(a) 拡散光同軸照明
（平行度：低）

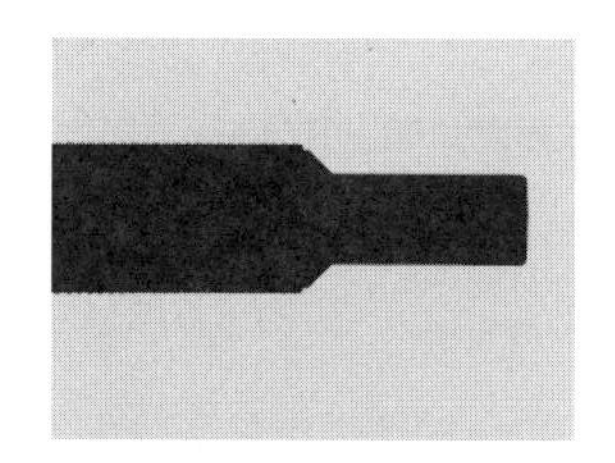

(b) 平行光同軸照明
（平行度：高）

図 3.13　金属丸棒の撮像例

また，図3.14に円柱型の電解コンデンサの撮像例を示す。拡散光では，コンデンサ本体の側面にも光が回り込んでいるが，ここでは足の太さに着目してほしい。この例ではわざと足をくねくねと曲げてある。(a)では光の回り込みで足が細く撮像されており，しかも足と照明との距離によって，その度合いが異なっている。こんな場合にも平行光を照射すると，(b)のように見事に足の太さが均一に撮像されるようになる。

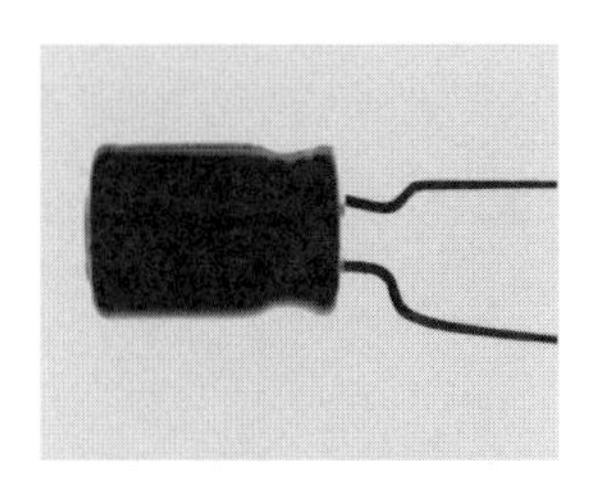

(a) 拡散光同軸照明
（平行度：低）

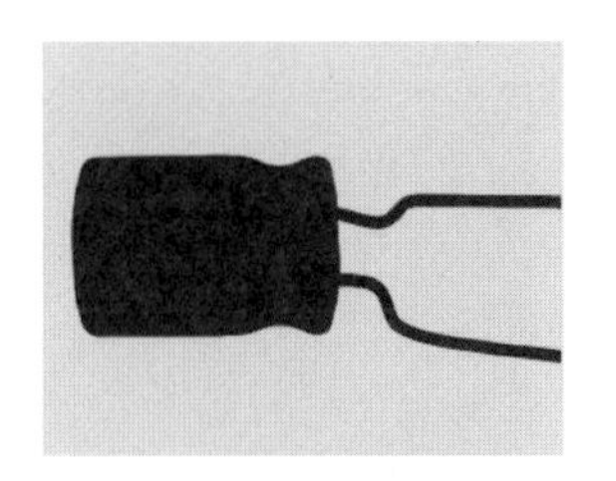

(b) 平行光同軸照明
（平行度：高）

図 3.14　電解コンデンサの曲がった足の撮像例

3.5.2　平行度の最適化と応用例

次に平行光を使ったおもしろい例をご紹介したい。図3.15は，飲料缶の側面である。飲料缶の周囲には様々な印刷がされており，通常は(a)にように缶胴のヘコミや傷などをうまく撮像することはできない。しかし，照射光の平行度を上げると，(b)のように邪魔な印刷はすべてキャンセルされ，肉眼でも認識しづらいような缶胴の僅かなヘコミ傷が見事に浮かび上がってくる。これは，缶胴に照射される光を，全反射の臨界角以上に揃えることによって，表面だけで反射した光を観察していることによる。

(a) 拡散光同軸照明
（平行度：低）

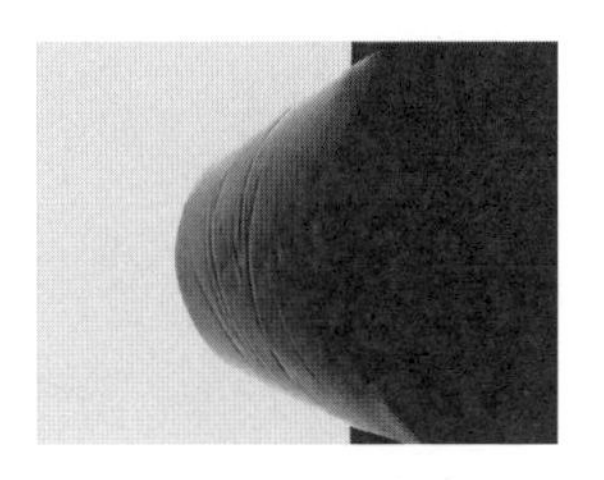

(b) 平行光同軸照明
（平行度：高）

図 3.15　飲料缶の缶胴表面の撮像例

(a) 同軸付きドーム照明
（平行度：低）

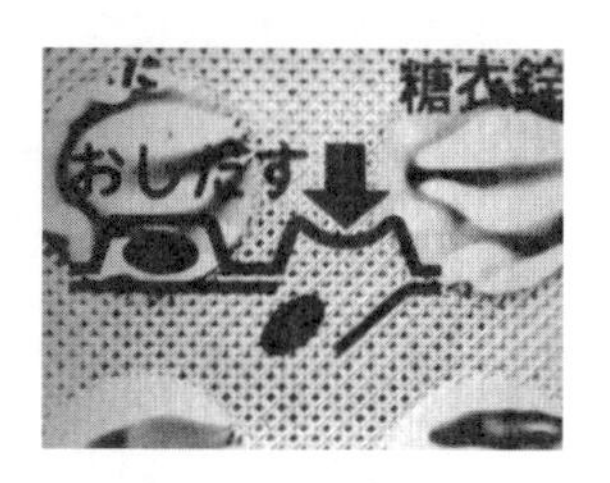

(b) 側面のみドーム照明
（平行度：高）

図 3.16　錠剤ブリスタパックのアルミ面の撮像例
（白色照明）

図3.16は，錠剤のブリスタパックの撮像例である。ブリスタパックのアルミフィルム面は，金属光沢でうねっている。これを，(b)のようにドーム照明で照射しても，観察光軸部の同軸光がなければやはり影が残ってしまう。(a)は，同軸光成分を追加して全方位から照射した例だが，影が綺麗に消えている。しかも，大きなうねりの影だけではなく，フィルムを圧着している網目まで綺麗に消えている。拡散光にすることで，傷が消え込んでしまう様子が，これでよく分かる。

(a) 同軸付きドーム照明
（平行度：低）

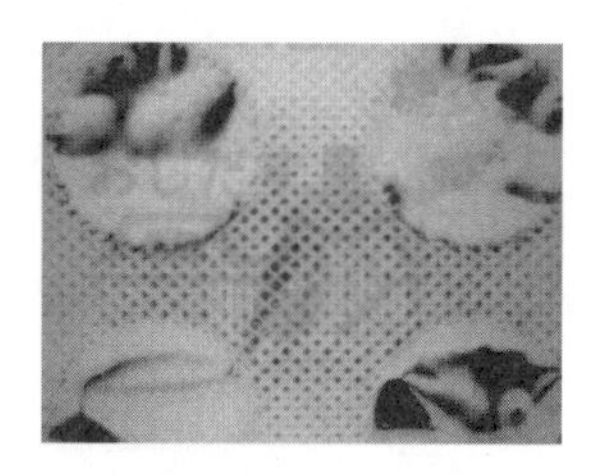

(b) 側面のみドーム照明
（平行度：高）

図 3.17　錠剤ブリスタパックのアルミ面の撮像例
（フルカラー照明で調整）

ところで，まだ文字の部分が残っており，この文字の分光反射特性に合わせて照射光を調整すると，図3.17に示すように文字の部分も薄くなって，アルミフィルムの破れやピンホールなどが，文字部も含めて全面で見事に検出することができるようになる。

3.6　照射光の波長

この世に存在する物体には，すべて「色」がついている。しかし，この「色」というのは，物体そのものが持っているものではなく，実は，人間の目と頭で感覚的に作り出しているものなのである。それはそれで，ひとつの感じ方，観察法ということができるが，必ずしもそれが最適な観察法になっているとは限らない。

「色」の元になっているものはスペクトル分布の変化であり，人間の感覚はこのスペクトル分布の変化のほんの一部を「色」という感覚量に変換しているに過ぎない。

物体は一般に，光の波長によってその反射率や吸収率が違い，その違いをその物質の分光特性という。照射光の波長やそのスペクトル分布を最適化すれば，物質の持つ分光特性をあぶり出すことができるわけである。

3.6.1　照射波長による分光反射率の差異

物体とその物体に照射された光との相互作用として，物質を構成する組成や分子構造等によって，その物質を構成する原子の電子レベルでのエネルギーのやり取りが行われている。

電子の取り得るエネルギーレベルや原子レベルの振動エネルギーは，その組成や結晶構造などによって決定される。

一方，相互作用に関わる光のエネルギーは

$$E = h \cdot \nu \quad (h\text{：プランク定数，}\nu\text{：光の振動数}) \cdots\cdots\cdots\cdots\cdots\cdots (3.1)$$

のように，光の振動数で一意的に決まる。

ここで，光の速度と波長，振動数との間には，

$$c = \nu \cdot \lambda$$ （c：光の速度，λ：光の波長）……………………… (3.2)

なる関係が成り立っている。

(3.1) 式と (3.2) 式から振動数を消去すると，光のエネルギーは，

$$E = h \cdot c / \lambda$$ ………………………………………………………… (3.3)

のように，光速度cと波長λの式で表される。

結局，光のエネルギーは波長によって変化することから，物体とのエネルギーのやり取りは，その物体とどれくらいのエネルギーのやり取りができるかで，そのエネルギーに相当する波長帯域の相対強度が変化することになる。これがスペクトル分布の変化となって，物体に色が付いて見えるわけである。

図3.18は，横軸に照射波長，縦軸に反射率をとって，金，銀，銅，アルミの4種類の金属の分光反射特性を示している。銀とアルミは，ほぼ可視光全域にわたって80％以上の反射特性を示す。しかし，金と銅は，550nmから短波長側で約60％程度の反射率しかない。波長の短い青色成分が吸収されてしまうため，銅や金は黄色っぽい金属に見えている[9]。

金属では光の反射率が非常に大きいため，その表面状態や酸化の度合いによって反射率が大きく変化する。図3.18のデータは，各金属を真空蒸着して作った新鮮な表面に，各波長の光を垂直に投射した場合の反射率を測定したもので，その反射率は研磨面やスパッタリング等で得られる面の反射率よりも高いことが知られている[6]。

物体にはすべて，固有の分光反射特性が存在する。人間の視覚に対しては，

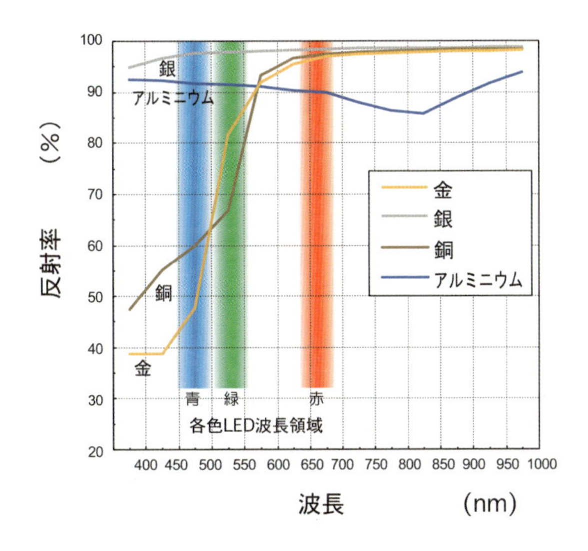

図3.18　金属の分光反射特性

この分光反射率が物体の色を決めている。もう少し正確にいうと，この分光反射率に加えて，分光吸収率，分光透過率の3つの特性のうち，ふたつの特性がわかれば，その物体が照射光に対してどのような吸収発散特性を持っているかが分かる。

金属の色は，その他の物体と同様に分光反射率で決まっているが，一般には，いわゆる金属光沢を色の一部のように考えてしまっていることが多い。この金属光沢は，本書ではその一部を直接光として扱うにとどめ，詳細については応用編に譲る。

3.6.2　照射波長による散乱率の差異

また，物体に照射された光が，その表面または媒質内部で影響を受けて進むとき，照明法からみると，大きく分けて直接光と散乱光のふたつに分類できることは既に述べた。ところで物理現象としての散乱には様々な散乱があるが，一般に，光の波長に比べてあまり大きくない微粒子によって，その微粒子自身が二次光源となって，通常は球面波として光を再放射する現象を散乱という。この微粒子を散乱粒子（scattering particle）といい，再放射される光の伝搬方向や強度はこの散乱粒子の大きさや構造に依存することが知られている。

散乱は，その前後で散乱粒子内部のエネルギー変化の有無によって，弾性散乱（elastic scattering）と非弾性散乱（inelastic scattering）に分類される。散乱粒子内部のエネルギー変化がない弾性散乱では散乱光の波長は入射光の波長に等しく，エネルギー変化のある非弾性散乱では散乱光の波長が入射光の波長と異なってくる。

非弾性散乱には，ラマン散乱（Raman scattering）やブリルアン散乱（Brillouin scattering），蛍光散乱（Florescent scattering），コンプトン散乱（Compton scattering）などがあり，一方，弾性散乱はその散乱粒子の大きさによって，波長依存性を持つレイリー散乱（Rayleigh scattering）と波長依存性を持たないミー散乱（Mie scattering）に分類される。

青空の色は，空気の色である。空気の分子やごく小さな塵が，太陽の光を散乱して青く光っているのである。それでは，なぜ青く光っているのか。それは，波長の短い光，すなわち可視光では青い光ほど散乱されやすく，波長の長い光，すなわち可視光では赤い光ほど散乱されにくいという特性があるからである。このことは同時に，朝日や夕日が赤い原因にもなっており，地球の大気に対して斜めに入射した太陽光は，大気を透過してくる途中に波長の短い青い光が散乱して失われ，透過率の高い赤色系の光だけになって周囲を照らし出しているわけである。宇宙から見ると地球は青く光る宝石のように見えるそうだが，美しい青や緑に見える白人種の瞳もまたレイリー散乱によるものである。

また，図3.19に示すように，地球の大気でも高度の高いところでは散乱粒子が小さくなって濃い青空になるが，高度が下がってくると徐々に白っぽくなってくる。これは，次第に水蒸気や大きな塵などが増えて散乱粒子が大きくなり，波長依存性のないミー散乱に移行してくるために，比較的散乱粒子の大き

図3.19　青空と白い雲の散乱メカニズム

な氷や水の粒でできている雲などでは，どの波長の光も同じように散乱されるため，人間の目には白く見えるわけである。

レイリー散乱の散乱強度は，（3.4）式のように，波長の四乗に逆比例し散乱粒子の粒径の六乗，すなわち体積の二乗に比例している。

$$\sigma_s = \frac{2\pi^5}{3}\left(\frac{n^2-1}{n^2+2}\right)^2\frac{d^6}{\lambda^4} \quad \cdots\cdots (3.4)$$

n ：屈折率
d ：粒子直径
λ ：波長

ただし，レイリー散乱が起こるためには，散乱粒子径が光の波長に比べて充分小さい（波長λの1/10程度以下）必要があり，可視光でいうとその波長は

400〜700nmであるから，数十nm程度以下の粒子でレイリー散乱が起こることになる。また，散乱粒子径が波長と同程度の場合はミー散乱となり，それ以上になると幾何光学散乱（geometric scattering）になる。

図3.20は，LED照明として各色，代表的な中心波長の光の散乱率を示している。赤色光の散乱率を1とすると，青色光ではその約4倍の散乱率になる。更に370nmの紫外光では，赤色光の約10倍の散乱率になる。また逆に，950nmの赤外光では，赤色光の約1/4の散乱率であり，こちらは散乱率が低くなる分，透過率が高くなっている。

LED色	中心波長	比散乱率
赤外 (IR)	950 nm	0.23
赤	660 nm	1.00
緑	525 nm	2.50
青	470 nm	3.89
紫外 (UV)	365 nm	10.69

図 3.20　LED色と散乱率

図3.21は，レイリー散乱の場合に，波長660nmの赤色光の散乱率を1としてノーマライズした散乱率の波長依存性である。可視光の範囲では高々10倍程度の散乱率も，紫外や赤外領域の光を使用すると簡単に100倍くらいの散乱率の差が引き出せることになる。

このように波長の長い光は逆に透過率が高いので，これを利用することにより，表面を透過させて深部を見たりする様々な用途にアプリケーションが広がっている。また，波長の短い紫外線の方では，散乱率が高い分，物体表面でよく光が散乱して表面観察には有効である。更に，屈折率も高く，蛍光現象なども利用することができ，こちらも様々なアプリケーションが広がっているようである[7]。

また，図3.20で挙げた波長帯域は，現状のCCD素子でギリギリ観察することのできる帯域といってよい。しかし，今後，視覚センサの感度特性が広げられれば，FA用途でも多くのアプリケーションが開発されると思われる[8]。

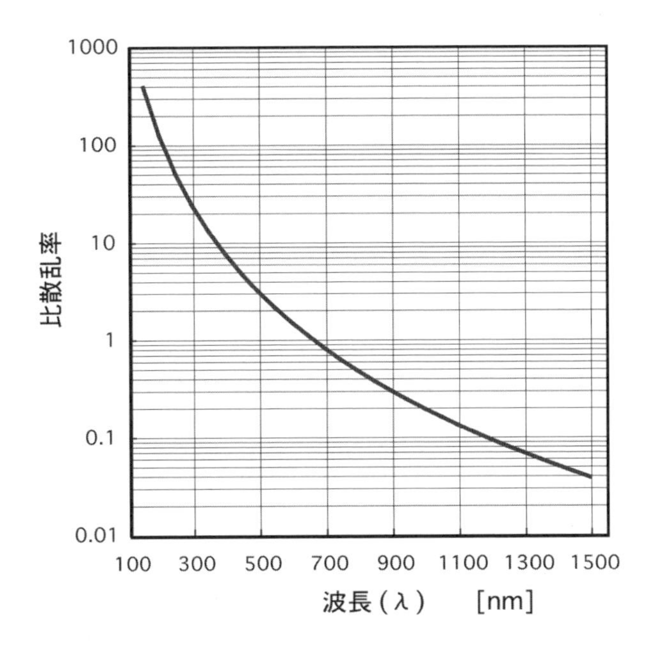

図 3.21　レイリー散乱の散乱率 - 波長依存性

3.7　照射波長の最適化

視覚情報において，色という情報は非常に重要な情報である。ヒューマンビジョンにおいては，ほとんどがこの色の情報で様々な物体認識をしているといって過言ではない。特に，我々の身の回りに氾濫するがごとくに溢れかえっている様々な印刷物においては，ほとんどがこの色の情報で認識されているといってよい。そして，このような印刷物だけではなく，一般に物体との相互作用においても，スペクトル分布の変化に着目して最適化を図ると，その濃淡差を更に大きく取り出すことが可能となる。そして，このような色情報は実際には物体からの散乱光の強度変化を濃淡差として抽出しているわけで，色情報ではないが，この散乱光の強弱に着目して照射波長を最適化することで，所望の散乱率の差をうまく引き出すこともまた可能となる。

3.7.1　金属の分光特性による濃淡

金属の分光反射率も印刷物の色と同様のものだが，金属の場合はその表面状態によって反射率や直接光の分散反射の度合いが大きく変化することから，通常は金属そのものの分光反射率の差を捉えることは比較的難しい。

図3.22は，銅系フレームの中心部が銀メッキされているリードフレームである。先にご紹介したのは鉄系のフレームで，やはり中心部の銀メッキを，散乱率の差で撮像した例であった。しかしこの例では，表面の状態が散乱率に影響しにくいように，充分な面光源からの拡散光を用いて照射している。

赤色の拡散光では，(b)のように周囲の銅も中心部の銀も同じ程度の反射率である。しかし，青色の拡散光を照射すると，中心部の銀の反射率はあまり変わらないが，銅の分光反射率が50%位になって，(a)のように周囲が暗く，中心部が明るく撮像される。これは，照射光の波長を最適化して，物体の分光反射率の差で濃淡差を得る例である。

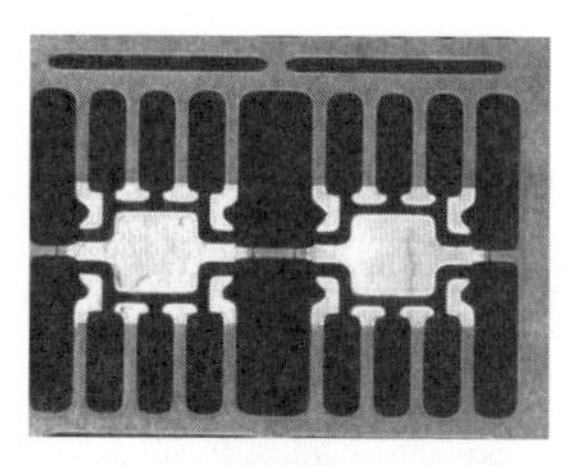

(a) 青色拡散光照明
(短波長 470nm)

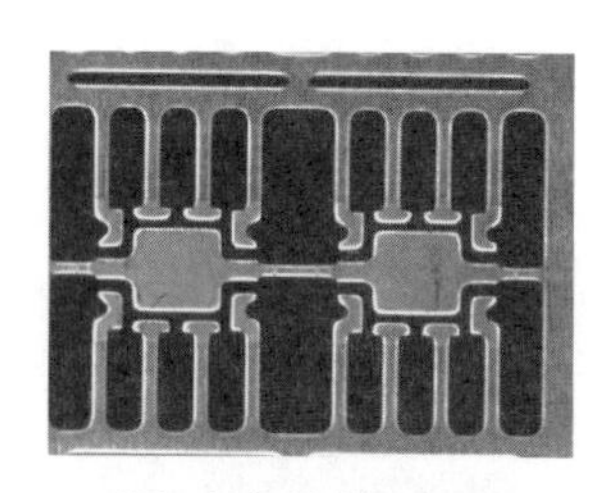

(b) 赤色拡散光照明
(長波長 660nm)

図 3.22　中心部のみ銀メッキの銅系フレーム撮像例

図3.23は，BGAの半田ボールと金配線の例である。赤色の拡散光では(b)のように半田ボールと金配線の両方が光って白く見える。しかし，青色の拡散光では金配線が消えて，(a)のように半田ボールだけを白く撮像することができ

(a) 青色拡散光照明
（短波長 470nm）

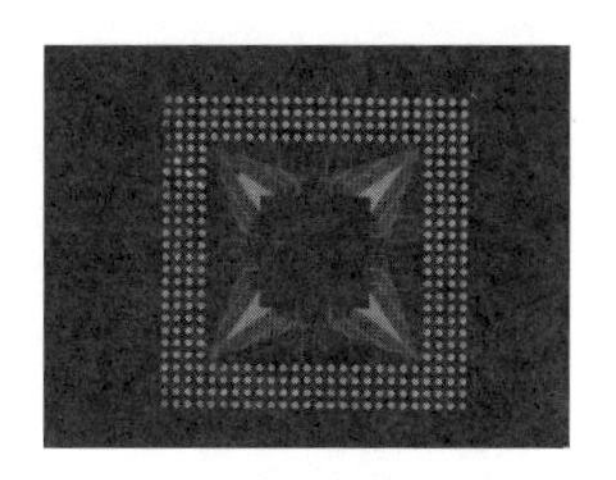

(b) 赤色拡散光照明
（長波長 660nm）

図 3.23　BGA の半田ボールと金配線の撮像例

る。これは，金や銅のパターンと，半田やニッケル，銀などの金属をうまく分離して撮像するのに都合がよく，実際に半田などの検査には青色光がよく用いられる。

また，ここで紹介した撮像例とは逆に，赤外領域で金属の分光反射特性がほとんど無くなることを利用すると，明視野・暗視野を問わず，様々な金属についてその表面状態の変化を同程度の濃淡差で取り出すことができる。

3.7.2　散乱率の差異による濃淡

ここでは，散乱率の差で濃淡差を得る例を見てみる。可視光帯域でも様々な場面でこの差異が現れるが，ここでは，紫外や赤外領域の光を利用する例を中心にとりあげる。ここで用いた波長370nmの紫外光と波長950nmの赤外光とでは，その散乱率に40倍程度の差があり，明視野においても暗視野においてもその最適化は重要な課題となる。

図3.24はガラス表面の傷・異物であるが，青色光を照射したもの(b)に比べて，370nmの紫外光を照射した(a)では，表面の散乱率が高くなっている様子が確認できる。青色光ではその濃淡差を取り出すことのできない微少な異物や傷が，紫外光によって浮かび上がっている。

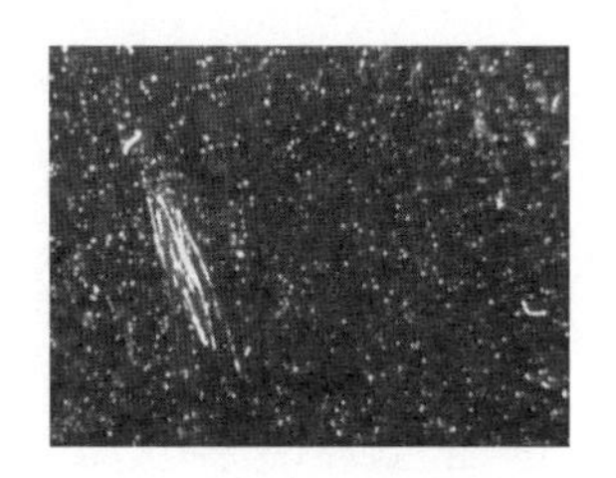

(a) 紫外直射型照明
(短波長 370nm)

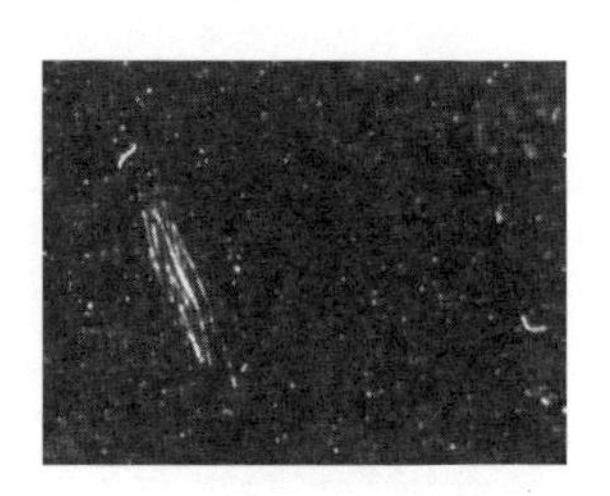

(b) 青色直射型照明
(長波長 470nm)

図 3.24　ガラス表面の傷・異物の撮像例

また，図3.25は机の上などに敷く塩ビシートの圧接痕である。(b)の青色光ではほとんど見ることができないが，370nmの紫外光を照射した(a)ではこれが見事に浮き立って見えている。これは，塩化ビニールのシート上にものを置いた後にできる僅かなヘコミ痕であるが，可視光でこれを明確に撮像しようとすると透過型で平行度の高い照射光の明視野ということになるが，紫外光を使用すると埃や傷を見るより遙かに明確にこのヘコミ痕を見つけることができる。

これは，このヘコミ痕に圧縮応力が残留しているために，圧縮による蛍光散

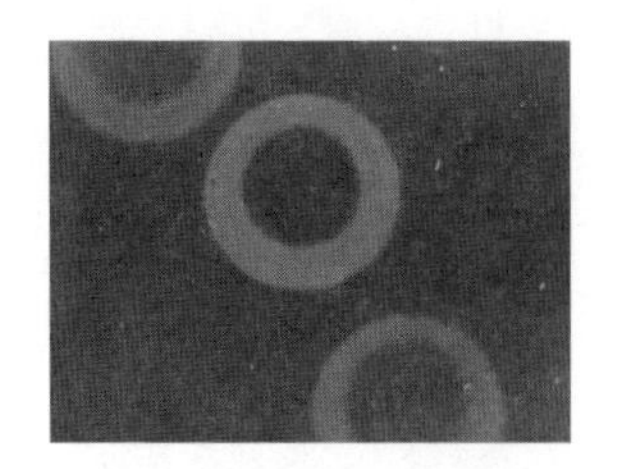

(a) 紫外直射型照明
(短波長 370nm)

(b) 青色直射型照明
(長波長 470nm)

図 3.25　塩ビシートの圧接痕の撮像例

乱が起こっているためである。高分子材料では，応力による蛍光現象が広く見られることから，薄膜やシート材料の検査等に用いられている。

以上のように，波長の短い紫外領域の光では散乱率や屈折率が高く，更にその光子エネルギーが高いことから，物質を励起させてその蛍光を利用することもでき，その特性を様々に利用することができる。

次に，赤外光の撮像例を紹介する。

図3.26はクレジットカードの図柄だが，白色光では当然(a)のようにこの図柄が見えてしまう。ところがこれに赤外光を照射すると，(b)のように図柄だけが綺麗に消えてくれる。これは赤外光が図柄のインクを透過したために，カードの下地が見えているのである。これを利用すると，通常は見えないインクの下地を見ることが可能になる。

(a) 白色直射型照明
(可視光)

(b) 赤外直射型照明
(長波長 950nm)

図 3.26　クレジットカードの撮像例

図3.27は，キャンディーのパッケージである。白色光では，当然(a)のように色柄が見えてしまう。しかし，赤外光だと，(b)のようにこの印刷柄を透過して下地のアルミフィルムをじかに見ることができる。したがって，アルミフィルムの状態や，傷，ピンホールなどを撮像することが可能となる。

このように，赤外光では，その透過率の高さをうまく利用して検査に応用することができる。ただし，どのインクでも透過するというわけではなく，イン

(a) 白色直射型照明
（可視光）

(b) 赤外直射型照明
（長波長 950nm）

図 3.27　キャンディーの印刷パッケージの撮像例

クの分光反射率，分光吸収率，分光透過率の特性によって，その様子は大きく変化する[9]ことに注意されたい。赤外を透過するインクと透過しないインクを人間の視覚で判別することは難しいが，真っ黒なインクであろうとも赤外を透過するインクでは，全く消えて無くなってしまう。赤外光とこれらのインクをうまく組み合わせることで，様々な視覚応用の可能性がある。

以上，紹介してきたように，可視光以外の波長帯域の光を応用すると，そのライティングと組み合わせることで，目には見えないものを撮像したり，逆に目に見えるものを消したりするという，視覚システムを使用した様々なアプリケーションの可能性が広がっている。

3.8　最近の動向とLED照明

LED照明を採用した画像処理機器が多く世に出されている。これは，LED照明が，照射光の平行度や波長，更には照射角度や照射範囲といった諸条件を，比較的精妙に設計できることに起因している。

しかしながら，どうしても光量が必要な用途には，ハロゲン電球やメタルハライドランプ，キセノンランプなど大光量の光源から，光ファイバを用いたライトガイドで導光・照射する方式が使われてきた。光量が必要な用途とは，高解像度が必要なラインセンサ用途，高倍率が必要な顕微鏡，及びアラインメント用途，高速の移動物体を捉えるために高速のシャッタスピードを要する用途などが挙げられる。しかし，これらの用途でも，ライトガイドの取り回しが困難であったり，発熱の問題，調光精度の問題，寿命や安定性の問題などが顕在化している。

ところが，最近になって，このような領域においてもLED化を模索する企業が増えはじめた。これは，2005年から2006年にかけて白色LEDが蛍光灯の発光効率を超えたことから，一躍一般照明のトップに踊り出る構えを見せているからである。また，半田では盛んに鉛フリーが叫ばれて，照明の分野でもハロゲンフリーや水銀フリーが実施されるようになってきたこともある。今では，車のヘッドランプもLEDに置き換わろうとしており，試作品では法令基準をパスするだけの光量が既に得られている[10),11),12),13)]。

3.8.1　高輝度LEDスポット照明

実はFA用途向けにも，前述の大光量が必要な用途向けに，高輝度LEDスポット照明が既に市場に浸透しつつある。更に，これを光源として効率的に光を集光し，視野がφ5mm程度であれば，50Wハロゲンライトを使用した従来システムの5〜10倍程度の出力を得られるほどの高い集光効率を持った，マイクロ・ファイバ・ヘッドが開発されている[14)]。これをうまく利用すれば，大光量が必要な用途でも，一部，LED照明を採用できる可能性が出てできた。すなわち，これからは，大光量が必要な用途においても，デリケートなライティング技術を自由に駆使することができるようになってくる。

従来，レンズに組み込まれた同軸照明には，ハロゲンライト等から光ファイバライトガイドで照明光が導光されていたが，これに換わるLED照明として大光量のパワーLEDを使用した高輝度スポット照明がある。

図3.28に，シーシーエス株式会社製の高輝度スポット照明を示す。この照明は，高集光効率を誇るマイクロ・ファイバ照明シリーズとして，ハロゲン照明

に替わって，ライティングの信頼性と自由度を格段に向上させたLEDファイバ・ライティング・システムといえる。この高輝度スポット照明は，同軸付レンズに直接装着可能で，照射先端部を除けばφ24×L30mmというコンパクトなサイズで，50gの軽さを実現している。しかも消費電力は1.4〜1.6Wと低消費電力で低発熱を実現している。また，点灯寿命は最大調光・連続点灯時30,000時間で初期の光量の70％と，LEDならではの長寿命と安定な制御を実現することが可能である。

（シーシーエス株式会社製 HLV-24 シリーズ）

図 3.28　高輝度スポット照明

図3.29に，この高輝度スポット照明と従来型50Wハロゲン照明について，CCD輝度のLWD（Light Work Distance)特性を示す。LWDとは，照明端面からワーク表面までの距離のことをいう。

CCD輝度とは，実際にCCDカメラで撮像したときの明るさ比較の単位であ

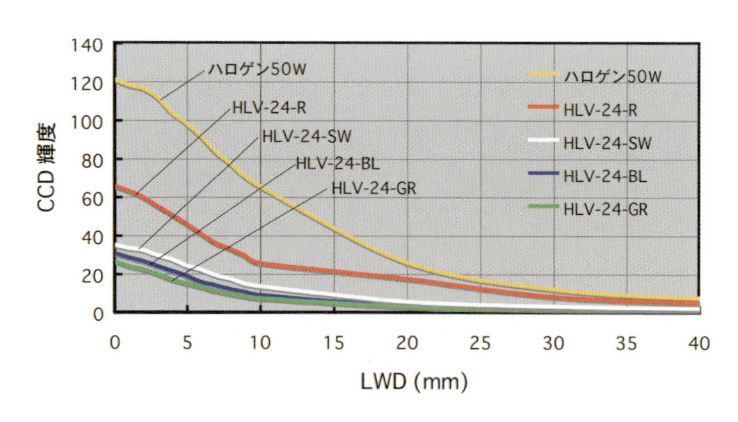

図 3.29　高輝度スポット照明（1 Wタイプ）の明るさ比較

り，実験に使用したカメラだけで通用する相対量なので，絶対量の単位というわけではない。

LEDは単色光に近く，特にマシンビジョンの世界では，その明るさを，従来の明るさの単位であるルーメン[lm]やルックス[lx]やカンデラ[cd]などといった単位で表すことができない。なぜなら，これらの単位はすべて，人間の目の感度特性に合わせてあり，国際照明委員会CIE[注5]で定めた標準比視感度曲線$V(\lambda)$（standard luminosity curve）という係数がかかっているからである。人間が目視するならそれでいいが，画像処理用途となるとカメラの目が基準になるのである。

本来なら，照明側の明るさをワット[W]表示として，これにスペクトル分布を添えれば，カメラで撮像したときの明るさが割り出せることになる。しかし，現状ではカメラ側の仕様表示や測定装置などの問題があり，仕方なく暫定的に標準的なカメラを使用してその明るさ表示がなされている。この仕様表示に関しては，測定等の方法も含めて早期に表示の標準化が望まれるところである。

図3.29によると，1Wタイプの赤色光照明で50Wのハロゲンランプを使用した等価なシステムの約50％の出力を得ることができる。また，赤色以外の色では，白色も含めて，やはり1Wタイプでこの約1/2の明るさを実現できる。

3.8.2　高輝度LED導光型照明

次に，この高輝度スポット照明を光源として使用する，暗視野用集光照明として，同社製の同Hシリーズのマイクロ・ファイバ・ヘッドをご紹介する。図3.30に，高輝度スポット照明を光源としてマイクロ・ファイバ・ヘッドを接続した例を示す。

このマイクロ・ファイバ・ヘッドを使用することにより，既にご紹介した高輝度スポット照明を，同軸付レンズだけでなく，種々の照明方式へ展開するこ

注5　Commission Internationale de l'Eclairage の略：光技術に関する国際委員会

とが可能になる。

この照明システムでは，光源が小型で低消費電力になっていることと，ファイバヘッドとの間が比較的短かくて取り回しのよいライトガイドで接続されていることにより，高い自由度を保って，位置や距離に関係なく，光源とヘッドを自在に設置可能である。したがって，例えば可動部を持つヘッドや，先端部にスペース的な余裕がない場合などでも，光源ごと比較的自由に照明端部を設置することができ，重くて太いライトガイドを装置基部の光源まで引き回す必要がなくなる。

（シーシーエス株式会社製 HFR シリーズ）

図 3.30　集光型高輝度リング照明

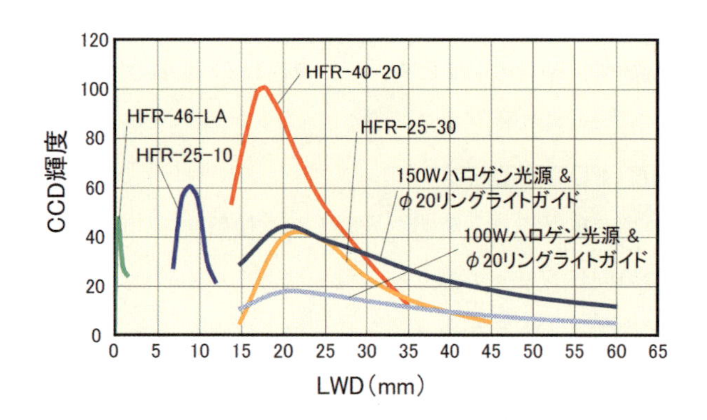

図3.31　高輝度導光型LED照明の明るさ比較
（1WタイプLEDスポット照明使用）

図3.31に，このマイクロ・ファイバ・ヘッドを1Wタイプの高輝度スポット照明に接続したものと，従来型の100～150Wハロゲンランプにφ20mmのリングガイドを使用した場合とを比較したグラフを示す。横軸はLWDで，縦軸はCCD輝度である。

マイクロ・ファイバ照明「HFR-25-10」を使用時，赤色光で，100Wハロゲンランプと通常リングガイドを使用した場合の約3倍の明るさを実現しています。ただし，照射範囲は，「HFR-25-30」でφ10mm，「HFR-25-10」でφ5mmである。また，「HFR-40-20」では，150Wハロゲンランプを使用したときとほぼ同じLWDで，約2.5倍の明るさを実現している。

リング型斜光照明は暗視野であり，従来から光量の必要な照明である。しかも，電子部品関連用途では年々部品そのものが小型化してきており，照明部に割けるスペースも非常に狭いスペースが要求されている。その他，防水仕様が必要な場合や，照明ヘッド回りを小型にして自由に動かす用途などで，従来，LED照明が使用できなかったような場所でも，以上で紹介したLED照明システムを使用すると，同軸とリングの組み合わせで，100～150Wハロゲン照明と同等以上の明るさを実現することが可能となる。

3.8.3　その他のLED照明

図3.32は，同社製の高輝度スポット照明を光源に利用したフルカラー・マイクロ・ファイバ光源で，赤（R）と緑（G）と青（B）のLEDそれぞれ1個ずつを混ぜ合わせてRGBの輝度バランスを調整することで，任意の色調を無段階にブレンドすることができる。

（シーシーエス株式会社製 HLV-3M シリーズ）

図 3.32　フルカラーファイバー光源

複数のLEDチップを使用すると，

波長のバラツキや温度シフト経年変化などによる種々のバラツキに対応できないため，LED1個ずつで光量が充分に得られることが，この種のフルカラー照明には重要な要素になっている。この光源にマイクロ・ファイバ・ヘッドを接続すれば，様々な照射形態でフルカラー照明を実現することが可能となる。

このRGB照明は，高輝度スポット照明の各色を光源としたもので，リアルタイムでダイナミックに独立制御することができる。例えば，これをコンピュータで適切に制御することにより，従来，標準光源を使用していたような用途に使用することも可能になる。ただし，スペクトル分布は白色光のように連続ではないので注意を要する。波長を変えるには，LED光源を差し替えることで簡単に対応することができる。

このフルカラー照明は，様々な分光反射率のワークが混在しているような場合や，プロセスバラツキによって分光反射特性が変わるような場合にも有効である。例えば，カラー液晶フィルタやITO膜，水晶振動子などの撮像に適している。

また，高輝度で安定な照明が必要な用途として，ラインセンサ用照明がある。ラインセンサは，主に板状のものや紙やフィルム等のいわゆるウェブものに使用されることが多いが，解像度とスピードが求められる用途に積極的に使用されることも多い。したがって，ラインセンサカメラではスピードが求められることが多く，スキャンレートが早い上に，解像度のために光学系で濃淡像を引き延ばして拡大することも多く，従来から特に高輝度の照明が要求される分野であった。

この分野では，特に輝度の安定性や寿命，更には照明光源の自由度の低さなどが大きな課題となっていが，その必要輝度にLED照明の手が届き始めた。ライティング設計の自由度において，LED照明が格段に有利であることは間違いないことから，早晩，この分野へのLED照明の適用が盛んになることはほぼ確実であろう。

その他の最近の動向として，放熱性を高め，輝度の安定化やライフタイムを伸ばす効果を追求した製品も注目を集めている。図3.33は，シーシーエス株式会社製のLED照明の例だが，最大調光で連続点灯した場合でも，動作温度が約50％程度に抑えられている。その結果，長寿命だけではなく，輝度の安定化を図ることにも成功している。

既にマシンビジョンの世界で主流となったLED照明は，LEDの特性をうまく応用して，実に多種多様な分野で，それぞれの案件ごとに設計されるライティングシステムの構築に役立っている。安定性に加え，その制御性の良さと，様々な照射構造を比較的容易に実現できることが，大きなメリットとなってい

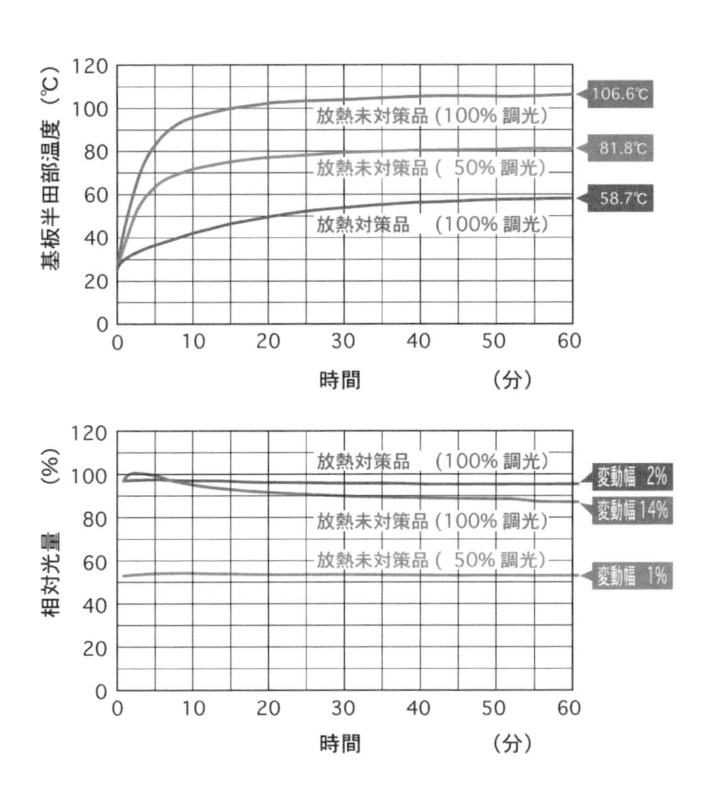

図 3.33　LED 照明の放熱効果と輝度・温度特性

るのである。

今後，車のライトをはじめ，家電製品に至るまで，あらゆる照明がLEDに置き換えられようとしている。その先駆けとして，我々が培ってきた，LED照明を用いたライティング技術が，FA用途をはじめ，これから拓ける様々な用途に，少しでも役立つことを願ってやまない。

参考文献

1）増村茂樹，“画像システムにおけるライティング技術とその展望”，映像情報インダストリアル，pp.29-36，産業開発機構，Jan.2002.

2）江尻正員，“マシンビジョン総論”，Vol.24，No.12，O plus E，pp.1335-1341，新技術コミュニケーションズ，Dec.2002.

3）高木裕治，中川泰夫，“産業応用におけるマシンビジョンの現状”，Vol.24，No.12，O plus E，pp.1342-1347，新技術コミュニケーションズ，Dec.2002.

4）増村茂樹，“画像処理システムにおける照明技術”，オートメーション，vol.46，No.4，日刊工業新聞社，Apr.2001.

5）シーシーエス株式会社，画像処理用LED照明総合カタログ，pp.1-47，Oct.2000.

6）東京天文台編纂，理科年表，物理化学，p.99，Nov.1980.

7）電気学会大学講座，照明工学（改訂版），電気学会，Sep.1978.

8）飯塚哲也，“デジタルカメラ用CCDの多画素化”，電子情報通信学会誌，pp.794-796，Oct.2000.

9）川上元，色のおはなし，日本規格協会，Nov.1992.

10）田口常正，“高光度LEDの技術革新と白色LED照明システムの展望”，OPTRONICS（2000）No.12，pp.112-119，オプトロニクス社，2000.

11）上田修，“LED照明器具の開発と将来性”，月刊ディスプレイ，pp.49-52，

Mar.2000.

12) 白倉資大, 大久保聡, “白色LEDがあちらにも, こちらにも”, No.844, pp.105-133, 日経BP社, 2003.3.31.

13) 菅沼克昭, “実装における鉛フリー化とハロゲンフリー化の技術”, Vol.24, No.10, O plus E, pp.1120-1125, 新技術コミュニケーションズ, Oct.2002.

14) 増村茂樹, “高輝度LEDスポット照明HLV-27シリーズ　ライティング革命前夜 ～もうLEDは暗くない～”, 画像ラボ, vol.13, No.5, pp.14-16, 日本工業出版, May 2002.

4.　ライティングの意味と必要性

単にライティングというと，「明るくする」ということしか思い浮かばないかもしれない。しかしながら，「明るくする」ということは，「明らかにする」という命題を自ずから含んでいる。したがって，「明らかにする」目的と対象がある以上，どのように「明るくする」かという方法論が存在するのは当然であろう。しかし，これだけではなく，マシンビジョン用途向けのライティングは，どのように「明るくするか」だけではおさまらない。実はマシンビジョン用途向けのライティングは「明るくする」のが目的ではないのである。

4.1　一般照明とマシンビジョンライティング

皆さんは照明というと，どのようなイメージをお持ちになるだろうか。おそらく，マシンビジョンに直接携わっている人以外は，いわゆる生活照明の域を出ない程度の感覚しか持ち合わせていないだろう。それが普通であって，明るくしさえすれば大抵は何でも見えるだろうと考えるのが自然である。多少特別な分野として，医療用途の各種照明があるが，これも基本的には人間の目で見やすいように影になったりせずに明るく照らす，ということに重点がある。あとは舞台照明であるとか，写真用の照明であるとかが思い浮かぶだろう。

4.1.1　マシンビジョンと照明の関わり

マシンビジョン（Machine Vision）とは，人間の視覚（ヒューマンビジョン：HumanVision）に対比して機械の視覚のことを云う[1]。また，視覚機能が備え付けられる主体によって，ロボットビジョン（Robot Vision）といったり，コンピュータビジョン（Computer Vision）ということもある[2]。

ここ数年，CCDやCMOSイメージセンサを介して対象物の画像をデジタル情報として取り込み，その画像情報をパソコンや組込用のMPUを利用した画像解析技術によって分析する，いわゆる画像処理によるFA化が急ピッチで進行した。その結果，本書でご紹介するライティングのフィールドが，にわかに脚光を浴びることになったわけである。

それでは，なぜライティングのフィールドに脚光が集まったのか。それは，ライティングがマシンビジョンシステムの性能の大部分を決めてしまうからである。では，なぜ照明がシステムの性能そのものを左右するのであろうか。

4.1.2　マシンビジョンライティングの特異性

人間は，目を通して映像情報を得，その映像情報を心の世界すなわち高度な精神活動によって理解している。逆に考えると，映像情報の理解は心の機能が受け持っており，目で見た映像情報の中には確かにその理解の対象はあるのだが，映像情報そのものがその理解を助けているわけではない。あくまでその映像は，光が当たって単に明るくなっただけの事物を，そのまま明暗情報として写し撮っているに過ぎない。したがって，一般の照明は対象物を明るくするのがその役割であり，通常は白色光，若しくは白色に近い光が適している。なぜなら，人間の目は，網膜にある感度特性の違う３種類のセンサーで光の明暗を感じ取り，その３種類の明暗情報をいわゆる色情報として感じ取っているからである。照射する光によってこの色情報の識別度合いが変化するが，これを演色性という尺度で評価することからも，ごく一般には映像から得られる情報は多い方がいいわけである[3]。しかし，マシンビジョンシステムでは，画像理解の元になる画像そのものに，これを判断する特徴情報が抽出されている必要があるのである[4]。すなわち，FAフィールド，とりわけマシンビジョン画像処理システムにおける「明るくする」というのは単に明るくしただけではなんの意味もなく，「明らかにする」ことのほうが重要になってくるのである。しかも，マシンビジョンシステムでは，何をどのように「明らかにするか」，すなわち「何を，どのように見るか」という機能を照明が負っているのである。

4.2　ライティング技術の必要性

それでは，ライティング技術なるものは，なぜ，どのように必要とされるのかを考えてみる。そもそも，人間の視覚と機械の視覚は同じ視覚情報を扱うことから，照明というものも明るくする道具だと思われがちである。たしかにマシンビジョンにおいても，照明は明るくする道具のように見えるが，果たして何がどのように違うのだろうか。

4.2.1　人間の視覚（Human Vision）

人間は，目を通して光を取り入れ，物体像を知覚することができる。そして，見たものが何であるのかは，その物理的な刺激だけではなく，過去に蓄積した様々な知識や経験，場合によっては勘を働かせて推測し，目で見たものを総合判断している。

その証拠に，幼子では見たものそのものの判断がつきかねるどころか，その注意力も散漫である。いわば，心の部分を使っての総合判断ということで，人間の視覚の判断結果は絶妙な曖昧さを伴っている。

したがって目を通して入力される刺激も，ノイズなどを多少含んでいたとしても，その環境が充分明るくて物体を認識しさえできれば，推定も含めて何とか判断することができる。図4.1に，この様子を模式的に示した。

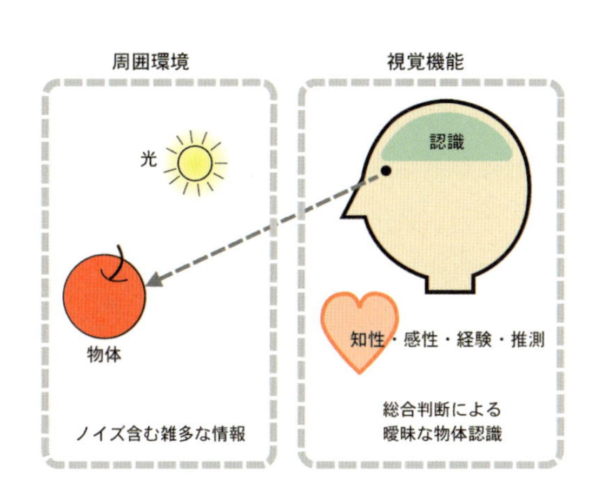

図4.1　人間の視覚(Human Vision)

この「曖昧さ」とは，人間にとっては的確な判断に思えても，機械にとっては極めて曖昧な判断となっているという意味での「曖昧さ」である。それでは，その的確な判断が，なぜ，機械にとっては「曖昧」な判断に映るのであろうか。ここのところが，人間の視覚と機械の視覚を決定的に隔てているところの本質部分なのである。

4.2.2　機械の視覚（Machine Vision）

マシンビジョンにおいては，人間の目がカメラに，そして神経を通して頭脳に伝わっている物理的な刺激がディジタル画像に，それぞれ対応する。そして，このディジタル画像を画像処理によって加工し，所望の特徴点を抽出し，基準値に照らし合わせてそれが何であるかを判定する。

この基準値が，人間でいえば経験や知識に相当する。しかし，残念ながら機械には心がないので，人間の行う総合判断にはほど遠く，いわゆる曖昧な判断をすることができない。しかし，その代わりに極めて効率よくスピーディーに正確な判断を行うことができる。図4.2に，この様子を模式的に示した。

ここで，正確とは，人間が的確な判断とは思わなかったとしても，原因から導かれる結果に決して間違うことはないという意味での正確である。

この原因の部分が，画像情報であり，マシンビジョンシステムはその情報を出発点として，あらかじめ決められた処理内容に従って解析を進めていく。したがって，この解析動作での誤動作を防ぐため，着目すべき特徴点に関しては，できる限り高いSN比が要求されるわけである。

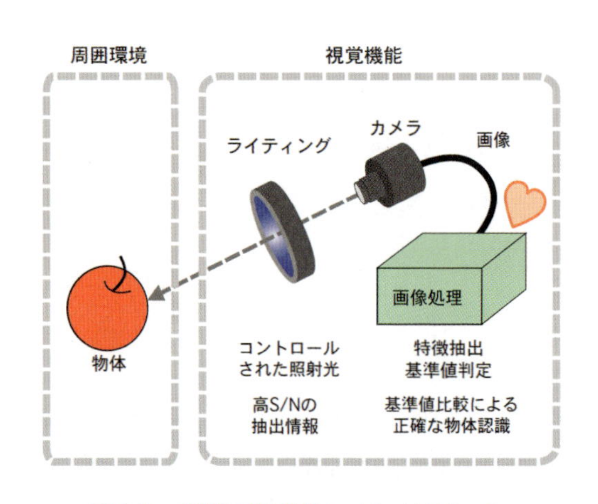

図4.2　機械の視覚(Machine Vision)

マシンビジョンの世界では物体認識のために高

度にチューニングされたライティングシステムが必要とされる。図4.2に示したように，そのライティングは既に「明るくする」道具ではなく，「何を，どのように見るか」という視覚機能そのものを担っているのである。そして，それぞれの対象物に対して特化されたライティングシステムで初めて，そのシステムにおいて着目すべき特徴点を高S/Nで抽出することが可能になるのである。

ヒューマンビジョンでは，物体の様々な情報をノイズも含めてできるだけ多く取り出そうとするが，マシンビジョンではこの逆で，物体の持つ様々な情報から，着目すべき必要な情報だけを抽出し，その情報のS/Nをどれだけ高く，安定に取り出すことができるか，ということが課題になる。これが，マシンビジョンとしてどれだけ正確に判断できるかというところにつながっている。

4.3　FA現場で何が起こっているか

ここ数年，マシンビジョン（Machine Vision）の躍進にはめざましいものがある。マシンビジョンという言葉は主にＦＡ分野で使用されることが多い。すなわち，製造装置や検査装置そのものが視覚認識機能をもって製造条件の制御や製造動作の制御，並びに様々な検査をインラインで実施して製品の品質や信頼性を格段に向上させている[1]。

今，FA現場においては，マシンビジョン画像処理システムが，人間に代わって機械を繰り，装置の制御をし，製品の検査をしている。しかし，マシンビジョンシステムを電気屋さんから買ってきて，扇風機を設置するように簡単に導入できるかというと，操作は随分簡単になってはいるが実稼働に向けてはそう簡単に事は運ばない。つまり，そのシステムで「何を，どのように見て，どう判断するのか」を教え込む必要があるわけである。

そこで，そのマシンビジョンシステムの性能を根底から支えているのがライティング技術なのである。いわゆる「照明の当て方」といったノウハウ的な要素を超えて，照射光と物体との相互作用に着目するライティング技術とはどのようなものなのか，どうしたらいいのかを考えてみたい。

4.3.1　FA化とライティング技術

FA現場におけるライティング技術は，今や製造のインライン，オフラインを問わず，QC現場や検査工程も含めて，そこで稼働している各種装置のパフォーマンスと歩留まりを左右する重要な基礎技術となっている。なぜなら，それは，人間に代わって，マシンビジョンがその機械を動作させる際の判断を下しているからである。

事実上，FA現場では装置そのものがロボット化しているのである。そして，その判断の材料となる画像は，光による物体認識そのものを本質的に支えているところのライティング技術が提供しているといえる。

今，FA現場では，マシンビジョンライティングと呼ばれるライティング技術の領域が重要視されている。なぜなら，マシンビジョンシステムの組み込まれた装置導入を背景に，生産現場では，熟練工を養成する以上にこのライティング技術が，生産性や歩留まり，ひいては品質の向上に欠かせない基礎技術となってきたからである。

図4.3に，FA化によるマニュファクチャリング構造の変化を示した。
人間が道具として使用してきた機械装置では，いわゆるヒューマンビジョンによる総合判断が不可欠であって，様々なセンサによって得られた数値データと共に，人間がこれを直接制御していた。

それが，FA化によって，その装置の機能動作そのものの性能を，マシンビジョンシステムが決定するようになってきた。更にこのマシンビジョンシステムの性能は，その判断材料になっている画像品質によって大きく左右される。そして，その画像品質は，マシンビジョンシステムの視覚機能の中核を担っているところのライティング技術が，これを支えているわけである。

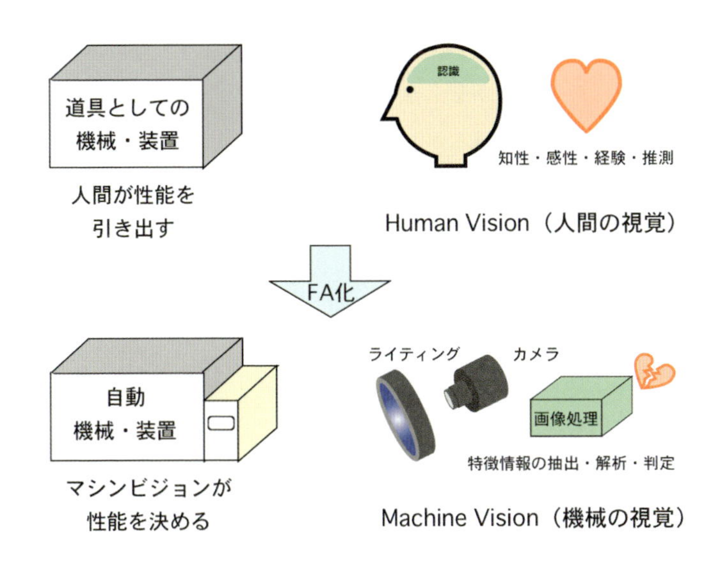

図4.3　マニュファクチャリング構造の変化

4.3.2　マシンビジョンライティング

広くビジョンシステムのフィールドにおいて，ライティング技術（Lighting Technology）とは，光を介して，様々なものを認識するための照明法を開発し，ライティングシステムの最適化設計をする技術のことを指す[2)]。

この技術はマシンビジョンの発展と共にあり，マシンビジョンシステムの設計開発に不可欠なものとして，特にマシンビジョンライティング（Machine Vision Lighting）と呼ばれている。

このマシンビジョンライティングは画像処理のために特化されたライティング技術であり，ヒューマンビジョン，すなわち人間の視覚の世界でお馴染みのいわゆる一般照明技術とは違って，光と物質との相互作用に着目し，目的とする特定の視覚情報を安定に抽出するという役割を担っている。

ヒューマンビジョンにおける照明は，単に視覚環境を明るくするという道具に過ぎないが，マシンビジョンにおいては，照明そのものが視覚機能の一部になっていることに注意されたい。誰も，照明が視覚機能の一部だなどとは，考えもしないことだろう。しかし，ライティングは，マシンビジョンシステムにおいて「何を，どのように見るか」という，視覚機能の中核を担っているのである。

一般に，マシンビジョンで「何を，どのように見るか」を決めているのは，画像処理系だと考えられていることが多い。確かに，人間の視覚機能から類推すると機能の割り当てとして，そのように考えるのが自然であろう。しかし，画像処理系でなされているのは，撮像された画像の解析に過ぎない。たしかにそこで情報の抽出もなされるのだが，逆にいえば画像処理系で情報抽出できるのは，ある限られた範囲の濃淡パターンだけであることに着目されたい。まさに，その限られた範囲の濃淡パターンを抽出しているのが，ライティングシステムなのである。

4.4　物体からの明暗情報と視覚

人間の視覚，すなわちヒューマンビジョンにおいては，色情報が物体認識の中心的な情報になっていることは事実である。しかし，物体の立体感や質感，表面の状態などを認識するには，実は色情報そのものではなく，物体表面において様々にその進行方向を変える光の存在が，重要な役割を演じている。日本画や浮世絵などでは，この物体表面での光の変化をわざと無視して描かれているものが多い。その結果，本質から遠ざかるかといえば決してそうではなく，物体の本質が返って忠実に表現され，まさにその物体の持つ内面の存在感のようなものが伝わってくる。それでは，物体表面での光の変化は単なるノイズなのかといえば，そういうわけではない。西洋の写実派から印象派に代表される光と影の表現には，いかにも生々しい魅力がある。

マシンビジョンには心がないので，芸術を感覚的に理解することはできない。この直接的な要因は，想定される無限の濃淡パターンすべてに対処することができないからである。したがって，高度に制御されたライティング技術によって，物体界面での照射光の変化を，その種類ごとに分離抽出する必要が生じてくる。すなわちマシンビジョンにおいては，ライティングによって出現する画像の濃淡パターンを単純化し，数を少なくしてその範囲内で，正確な物体認識をすることを可能ならしめているのである。

4.4.1　歌麿とルノアール

図4.4に，歌麿とルノアールの絵を示した。どちらの絵が，より真実の姿に近いと思われるだろうか。(a)のルノアールでは，光が照射されたときの表面での照度変化がそのまま描かれており，光の存在を感じると共に，少なくとも人間の目で見る限りは，立体感溢れる生々しい絵になっているといえる。

また(b)の歌麿では，逆に照射光の影響による被写体表面での明るさや色調の

(a) ルノアール「ひなぎくを持つ少女」

(b) 歌麿「ビードロを吹く娘」

図 4.4　ルノアールと歌麿

変化が取り除かれている。すなわち，輪郭や目鼻立ち，髪の毛の1本1本から着物の柄にいたるまで正確に描写されており，徹底的に物体表面における光の映り込みの影響が排除されている。その結果，実際に目で見えるような表面的な立体感や肉感は感じられないが，その分，本質を描ききっているともいえる。光の照射によって様々に姿を変化させる部分をそぎ落とし，その元になっている変化しない部分だけが，抽出して描かれているのである。

その結果，被写体の顔や着物の特徴を細部に亘って正確に把握することができる。そしてその精緻さ故に，ビードロを吹くその音や衣擦れの音までが聞こえてくるようでもある。

4.4.2　光の変化と物体の明暗

ルノアールの絵は複雑な色づかいをしており，光によって肌や衣服が徐々にその色調や明るさを変える様子がそのままに描写されている。この場合はあまり反射率の高い面は無いことから，照射光と照射面との角度によって物体表面からの散乱光に明暗が生じ，あとは物体自身の分光吸収特性によって様々な色調や色の濃淡が生じている。

物理現象として捉えると，この光と影は，主として入射角の余弦法則によるもので，照射光が一定の方向から照射されているときに，その方向に垂直な面が一番照度が高く，その面からθだけ傾いた面では$\cos\theta$分だけ照度が暗くなり，照射面の散乱率が高い場合にはその差がそのまま散乱光の強弱となって物体から発せられる[5]。

更に，物体の表面が完全拡散面でなければ，観察方向と物体面との傾きによっても物体から発せられる光度の面密度が違ってきて明暗が生じる[5]。

4.5　人間と機械の視覚機能比較

人間は，経験上，この物体からの明暗情報をもって，立体感や質感などを認識することができるが，人間が認識しているように，これをそのままマシンビジョンで処理しようとすると，とんでもない計算量になるばかりか，今度はその計算結果を統合的に判断することも極端に難しくなってくる。

マシンビジョンにおいて物体認識をするためには，幾つかの特徴点についてその特徴情報を抽出し，認識判断の対象を個別具体的にして，問題を簡単化する必要がある。その際，情報を抽出するためには，一定の濃淡の型が必要であり，このパターンが多くなりすぎるとマシンビジョンでは手が出なくなるというわけである。

4.5.1　立体形状の認識と光の明暗

物体表面で光の進行方向が様々な変化を受け，更にこれを観察する方向と範囲によって光の明暗が生じている。そして，この光の明暗の現れ方に一定の法則が存在することによって，ヒューマンビジョンではこの二次元画像から立体感を感じることができる。

しかし，この明暗のパターンには様々なパターンが無数にあり，人間の視覚においても誤認識が多く発生しているといえるが，強いていえば，人はこの誤認識に，心の部分の力で補正をかけているわけである。

それでは心を持たない機械は，この立体形状や様々な光の明暗をどのように見ればいいのだろうか。自らの判断プログラムに必要十分な画像情報が得られれば，マシンビジョンは正確で高速な判断を下すことができる。その判断プログラムに必要十分な画像情報，すなわち物体から返される光の濃淡パターンを生じさせることができるのは，ライティングシステムをおいてほかにないわけである。

4.5.2　光の明暗と情報抽出のライティング

図4.5に，それぞれの絵画を何の処理もしないでそのまま適当に二値化した画像を示す。ルノアールの方は，雰囲気は分かるもののなんだかモコモコとした画像になってしまい，腕の太さや顔形，着衣の様子などはよく分からない。

(a) ルノアール「ひなぎくを持つ少女」

(b) 歌麿「ビードロを吹く娘」

図 4.5　ルノアールと歌麿の 2 値化画像

これに対して歌麿の方は，二値化して更に情報が明確になり，顔の輪郭から目鼻立ち，着物の柄に到るまで鮮明に判定することが可能になる。

図4.6に，それぞれの絵画の輝度のヒストグラムを示す。ルノアールの方は，大きな一つの山にその輝度が緩やかに分布しているが，歌麿の方は３つの鋭い輝度分布をしていることが判る。

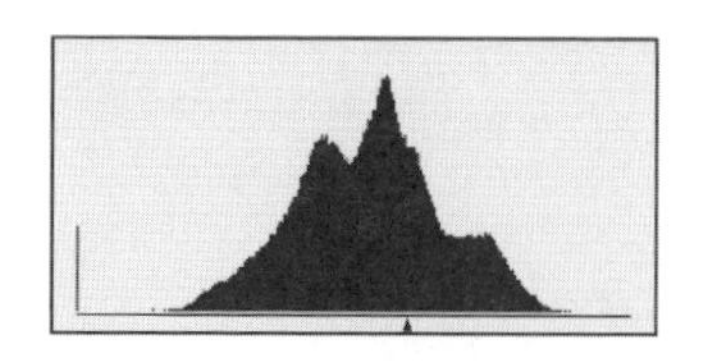

(a) ルノアール「ひなぎくを持つ少女」

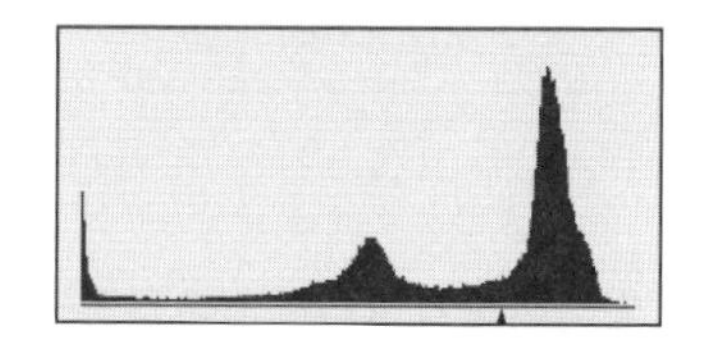

(b) 歌麿「ビードロを吹く娘」

図 4.6　ルノアールと歌麿の輝度ヒストグラム

ルノアールの方はどちらかというと通常の生活照明下での絵であり，直接光も散乱光も入り交じって情報が分離されていない。しかし歌麿の方は，物体界面での光の変化を取り除いた理想空間で，主に物体の「色」の情報，すなわち均質な散乱光だけが忠実に抽出されているといえる。

これを，ライティング技術の観点から見ると，その基本となる照明法である直接光照明法（明視野照明法）と散乱光照明法（暗視野照明法）は，物体界面における光の進行方向に関する変化を直接光と散乱光に分離抽出することによって，濃淡のパターンを単純化し，よりS/Nの高い特徴情報を抽出する手法であるといえる。

要は，人間の視覚におけるような画像では，マシンビジョンの視覚認識機能には適合しないということができる。マシンビジョンにおける撮像画像は，既にその撮像画像で，必要な情報が，しかも許容範囲内の濃淡パターンで，撮像されている必要があるわけである。

したがって，マシンビジョンにおける照明は，ヒューマンビジョンにおける照明のように「明るくする」のが目的ではなく，「特徴情報の抽出」が目的なのである。ここのところをよく理解していないと，ライティングシステムの最適化設計はできない。なぜなら，ライティングのどのような要素が，マシンビジョンシステムのほかの機能要素とどのように関わっているのかが，理解できないからである。

参考文献

1）江尻正員，“マシンビジョン総論”, vol.24, No.12, O plus E, pp.1335-1341, 新技術コミュニケーションズ, Dec.2002.

2）谷口慶治，“画像処理工学 基礎編”, 共立出版株式会社, Nov.1996.

3）増村茂樹，“マシンビジョンにおけるライティング技術とその展望”，映像情報インダストリアル, pp.65-69, 産業開発機構, Jul.2003.

4）高木裕治, 中川泰夫, “産業応用におけるマシンビジョンの現状”, vol.24, No.12, O plus E, pp.1342-1347, 新技術コミュニケーションズ, Dec.2002.

5）電気学会大学講座, “照明工学（改訂版）”, 電気学会, Jul.1963.

5. 物体認識とライティング

ライティングは視覚情報を得るために不可欠な技術であり，特にマシンビジョンシステムで必要とする様々な目的に沿って，特定の視覚情報を選択的に，しかも安定に抽出しなければならない。それでは，物体認識とライティングとの間にはどのような関係があるのだろうか。

これには，人間の視覚と機械の視覚で，その役割そのものが違ってくることに注意を要する。双方とも，光を物体に照射して，物体から返ってくる光を知覚している。しかし，その濃淡像をどのように認識し，判断するか，という視覚認識のメカニズムが違っているのである。

人間は「心」という高度な精神作用によって物体を認識しているが，機械は「心」を持ち得ないのである。それではその「心」の部分の働きをどのように補完して，マシンビジョンシステムは所望の物体認識をしているのだろうか。

5.1　光による物体認識について

光による物体認識については，それがあまりにも日常的なために，とりたてて気にとめることはないかもしれない。しかし，ひとたび人間の視覚の世界すなわちヒューマンビジョンを超えて，いわゆるマシンビジョンの領域になると，物体認識の方法論とそのシステムの最適化設計については，避けて通ることができなくなる。そこでは，物体が光に与える様々な影響について，その変化量を安定に抽出することが要求されるからである。

なぜなら，画像処理装置で認識できるように設定したパターン以外の濃淡像が入力されると，その場合は信頼性が極端に低下する恐れがあるからである。画像処理系は，入力された画像に対して，後戻りのできない一連の画像変換をしているに過ぎず，入力に許容レベル以上のノイズが乗ったり，特徴量が規定の値に満たなかったりすると，とたんにお手上げ状態にならざるを得ない。

それでは，照明を用いて単に「明るくする」ことと，「情報抽出」のライティングとはどこがどのように違うのか，まずは，なぜ光を照射するとものが見えるのかについて考えてみる。

5.1.1　光と物体と目の関係

光による物体認識においては，物体界面における光の変化がそのほぼすべてを決しているといって過言ではない。なぜなら，我々は饅頭の皮は見えても中のあんこは見えないからである。

すなわち，結果として，我々は光の最終的な変化量しか捉えることができず，物体内部における変化の過程をつぶさに見ることはできない。

これは，「光は目に見えない」ということと呼応しており，光を間接的に見ることはできず，光にぶち当たって初めてその存在とエネルギー量を認識することができるという結像光学の大前提にも従っているといえる。

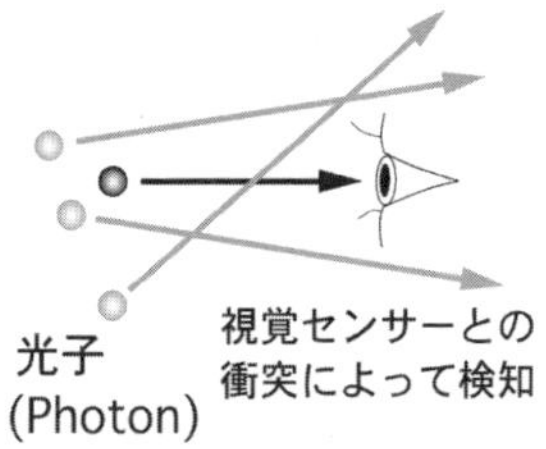

光子
(Photon)
視覚センサーとの
衝突によって検知

図 5.1　光は見えない

「光は目に見えない」とは多分に逆説的な響きを含んでいるが，図5.1のように，光が目に見えるのは光が直接目の中に飛び込んで目の網膜上にある視細胞に衝突し，その細胞にエネルギーを放出した時のみなのである。すなわち，光が目の前を単に通過しただけでは，我々は光の存在すら検知することができないのである。

もし，光そのものを見ることができたなら，おそらく肉眼では，空間そのものが光輝いて見えてしまい，飛行機で雲の表層につっこんだときと同じように，ホワイトアウトといって周り一面が真っ白になって，かえって何も見えなくなってしまうだろう。

しかし，時間軸を超越して本当に光そのものを見ることができたとしたら，真っ暗な宇宙空間は昼間のように明るく見え，あらゆるものが輝くような光のベールに育まれている様子が見えるであろう。光こそがこの大宇宙の存在の鍵を握る，まさに仏神の愛そのものなのかもしれない。

結局，我々は，光を感じるセンサである網膜状の視細胞において，どの位置にどの程度の光エネルギーが注がれたかという二次元の濃淡情報で，光の変化量を知覚しているのである。そして，この事情は，CCDやCMOSを用いた光センサでも同じことである。

5.1.2 光による物体認識

視覚を通じて物体を認識するとき，我々はまるでその物体そのものを見ているような気になってしまうが，実はそうではない。我々は，単に，物体から返された物体光を見ているにすぎないのである。この様子を図5.2に示す。

物体に照射された光は，物体との相互作用により，何らかの影響を受ける。その影響には様々なものがあり，通常の視覚情報に関連する主なものでも，反射，散乱，吸収，旋光，屈折，透過のほか，回折，干渉，蛍光などがある。そして，この相互作用によって，物体に照射された光は，その進路を変えたり，光量が変化したり，ある一部

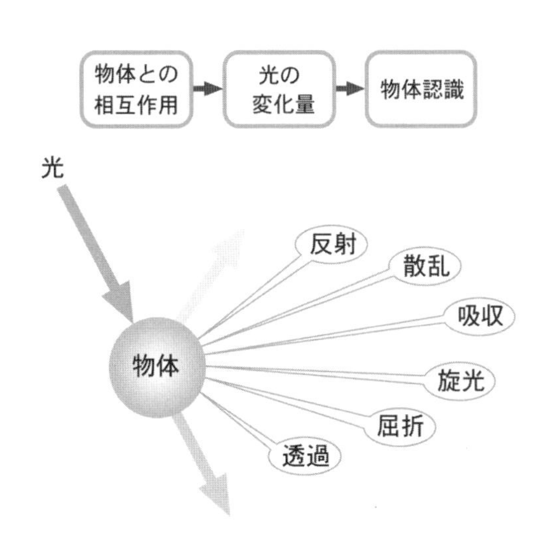

図5.2　光の変化量を捉える物体認識

の帯域の光が吸収されてスペクトル分布が変化したりする。

我々は，常日頃，様々な物体を見ているが，物体そのものを直接見ているわけではなく，物体から返される光の「変化量」を見ているにすぎないのである。

5.2 光の変化と視覚

物体から返される物体光の変化量とは，原因はさておき，どのような変化があるのだろうか。また，その変化量をどのような形で知覚し，認識するのであろうか。視覚情報といっても，一般には，「色」や「ものの形」，「明るさ」など，漠然と知ってはいても，それだけでは，どのようにその変化を誘起し，どのように捕捉するかといった，精妙なライティング設計などはできる由もない。光の変化と視覚情報としての特徴を明確に把握し，結像光学系と，照射光，観察光との関係と論理的に連関させてこそ，初めてライティング設計への道は開けるのである。

5.2.1 光で見えるもの

我々は，光の変化量を知覚して物体認識をしている。したがって，そこに物体が存在したとしても，この物体が照射光に対して何の影響も及ぼさなければ，我々の目には何も見えないことになる。当然，物体が光に対して影響を与えたとしても，人間の目がこれを捉えられなければ同じことが起こる。

人間の目が捉えられる光の波長は，高々400～700nm程度であり，この世に人間の目に見えないものがたくさんあるかもしれないと考えると，恐くて仕方がない。いつ，その物体に頭をぶつけるか，心配にならない人はいないであろう。しかし，この大宇宙を創られた根源仏は，本当にうまくこの世を創られたものである。およそこの世に物体として姿を現したものは，すべて目に見えるようにできているのである。

非常に微少なものや希薄なものは，人間の目の解像度やダイナミックレンジが足らないために目に見えないかもしれないが，少なくとも頭に当たって怪我をするようなものに見えないものはない。

なぜなら，この世に姿を現した物質はすべて分子・原子から成っているからである。原子の内部には陽子や電子という電荷を持った粒子が存在する。電荷を持った粒子が存在するためには，そこに電界や磁界が発生する。

光は電磁波であり，電界と磁界が振動して伝搬する波なので，それが物体に出会うと，物体が存在することによって発生している電界や磁界の影響を受けざるを得ないのである。実際に，光と物体との相互作用は，この極微の世界で起こっており，その相互作用を解析して物体の本質を探る光物性という分野は，現代量子力学のまさに最先端の分野である[1]。

マシンビジョンライティングでは，光と物体との相互作用によって生じる光の変化量を，その目的に応じて選択的に抽出する。そしてこの視覚情報の抽出をどれだけ安定に実現できるかは，まさにライティングシステムの設計にかかっているのである。

5.2.2 光の変化量と視覚情報

ここで話を一般的な照明に移すと，照明照射に関する技術は，写真技術が伝わった頃から撮影技術者の主たる関心事として探求されてきた課題である。光，すなわちライティングを抜きにしては撮影そのものが成り立たないわけだから，それも当然といえる。

これまで写真技術の分野では，主として芸術的な観点を軸足として，ライティングが探求されてきた。また，照明工学といわれる分野では人間工学的な観点から，いわゆる「明かり取り」としての照明の研究がなされてきた。

しかし，マシンビジョンという分野が世に現れて，照明の分野にも光物性をその拠り所とする新たな技術が要請されている。

視覚による物体認識の本質は，光と物体との相互作用によって生じた光の変化量である。図5.3に示すように，我々はこの光の変化量を検知し，その明暗

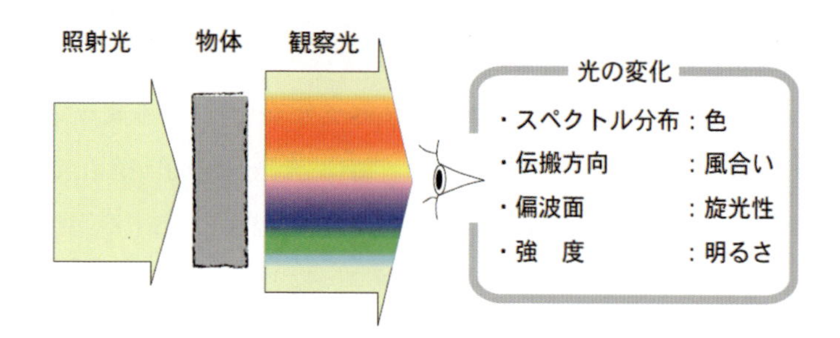

図 5.3　光による物体認識のメカニズム

を濃淡画像に変換することによって初めて，様々な物体を見ることができるのである。

物体界面における光の変化は，物体そのものと光との相互作用であるスペクトル分布の変化と，光の伝搬方向，偏波面，及び強度の４つにカテゴライズすることができる。簡単にいうと，スペクトル分布の変化はすなわち「色」であり，伝搬方向の変化は物体形状や凹凸などの表面状態すなわち「風合い」であり，偏波面の変化は「旋光性」であり，強度は「明るさ」である。

「旋光性」は人間の目では直接判別できないが，光が伝搬するときの振動方向が変化する現象である。ミツバチなど複眼を持つ昆虫は偏光視[注6]をすることができ，旋光状態を光の濃淡として見ることができる。太陽の方向や蜜のありかなど，人間には見えないものまでこの偏光視で見ることができる。

この４つの要素は，実は波の４つの要素である，振動数，伝搬方向，振動方向，振幅に対応している。すなわち，波を伝搬する媒質が，どれくらいの振動数で，どちらの方向へ，どれくらい大きく振動して，どちらの方向へその波を伝えているか，ということである。

ここで，波の伝搬速度（v）や波長（λ）が入っていないのは，

[注6] 偏光視とは，光の偏光方向を濃淡情報として知覚し，偏波面の方向によって濃淡画像を認識できる視覚機能のことを指す。

$$v=n \cdot \lambda \quad \text{(5.1)}$$

という波の基本式で，振動数（n）とそれぞれのパラメータが従属関係にあるからである。すなわち，振動数，波長，光速度は互いにリンクして変化すると考えてよい。

光も電界と磁界が振動して伝搬する横波である。したがって，その変化量は波の４つの要素の変化として発現するわけである。マクロ光学的な変化を捉える視覚情報としてのこの４つは，結像光学系を経て，結果的にすべて光の濃淡情報として網膜上で知覚される。

ただし，ここで振動数または波長の変化に分類した「色」も，波長毎の光の濃淡情報にほかならない。「色」のここでの分類は，スペクトル分布の変化ということで波長の変化と対応させているが，実際には波長毎の強度分布の変化なので，色覚としての色情報は，「明るさ」の変化も受けていることを注記しておく。

結局，着目する特徴点における光と物体との相互作用を見極め，その相互作用による光の変化量を安定に抽出することのできるのは，ライティングの最適化設計をおいて他にはないということである。

5.3 視覚での物体認識

ライティング技術とは，光による物体認識において欠かせない技術であり，それは光との相互作用においてその物体のどのような特徴を抽出するかということにほかならない。

光による物体認識については，既に前節，前々節でも触れてきた。それは，光と物体との相互作用によって生じる照射光の物理的な変化量を，どのように発現させ，どのように捕捉して，更にどのように処理するかということになる。それでは，その相互作用とはどのようなものなのか，どうすればどのよう

な変化が起こるのか，その基礎的事項について考えてみる

5.3.1　光と物体との相互作用

光と物体との相互作用については，物性物理や最先端の量子力学の分野でその解析結果が多数報告されており，古くて新しい学問として今も最新の研究が学会などを通じて報告されている。最近では，白色干渉法を応用した表面形状の測定法[2]や，近接場光を応用した光の回折限界を超える微細構造の観察法[3]などが，話題を集めている。その理論的基礎となるのが光物性といわれる分野で，光と物質との相互作用から物質の本質を科学するこの光物性の研究成果によって今日の光応用技術の大半が生み出されている[1]。

物体に光を照射してものを見るのに，そんな専門的な事項は必要ないと思われる方が大半であろう。そんなことを知らなくても，ものは見えると。しかし，それは視覚情報があまりにも身近なため，特に取り立てて考えたことがないだけで，実際にマシンビジョンの世界でライティングの設計をしていると，分からないことだらけで，どうしていいか分からないことが山ほど有るのである。そのことをとっても，マシンビジョンライティングが，ヒューマンビジョンにおける「明るくする」照明とは全く違うということが窺えよう。

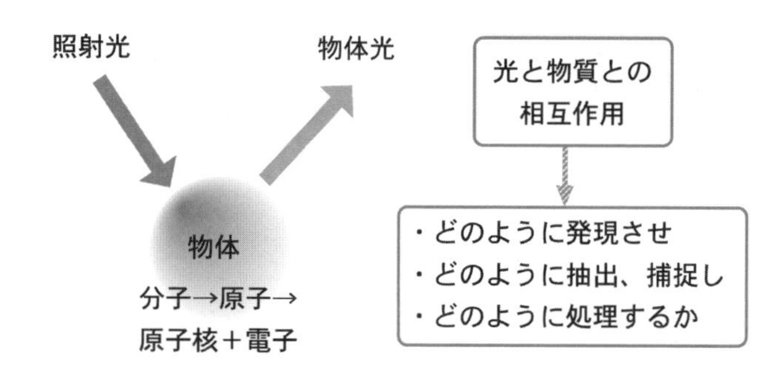

図5.4　光と物質の相互作用と情報抽出

例えば，単に光を照射しただけでも，物体の界面では実に様々なことが起こっている。金属表面で光が反射することなど誰でも知っているが，それを最適化するとなると，これがことのほか難しい。

5.3.2 相互作用の科学

この世に姿を現している物質は，すべからくその元は分子からできている。分子はある特定の物質を形作る最小単位である原子からできている。原子は電子と原子核から成る。電子は，その原子の種類によって決まった数があり，更にある決まったエネルギー状態で原子核のまわりを回っているように存在する。そして各電子のエネルギー状態はそれぞれ連続的な値ではなくとびとびの値を取る４つの量子数によって規定される。

ここまでくるといわゆる固体物理や量子力学の世界で，一般人とは無縁の世界のように思われるだろうが，光と物質との相互作用はこの極微の世界で起こっていることなのである。

例えば，金属光沢は金属内の自由電子と光の振動電界との相互作用によって形成されており，このことを理解した上で金属の分光特性を考えると，可視光以外の領域において何が起こるか予想がつくため，直接光を押さえたいときに短波長側の照射光を使うなどの対処が可能となる。

5.4 光の反射・吸収・透過

ご存じのように，光は波として作用する場合と粒子として作用する場合とがある。

光を波として扱うと，屈折や回折など物質の巨視的な光学特性がうまく説明できることが知られている。これに従って，光の変化が４種類にカテゴライズされることは既に述べた。しかし実はこれだけではことが収まらず，光を粒子としても考えなければ説明のつかない光電効果などの現象が存在する。

光電効果とは，金属面に光を照射すると，金属面から電子が飛び出すという現象である。ここで，電子が飛び出すかどうか，更に，飛び出した電子の運動エネルギーは，金属の種類と光の周波数のみによって決まり，光の強さには依存しない。この現象を説明するのは光を波として捉えているばかりでは説明が困難である。

5.4.1　光の波と光の粒子

これに対してプランクは，黒体放射の波長分布に関して，光の量子を考え出した。

振動数νの光は$h\nu$なるエネルギーを持つ振動子として振る舞い，更にそのエネルギーは

$$E = nh\nu \quad \cdots\cdots (5.2)$$

n：量子数
h：プランク定数
ν：光の振動数

というとびとびの値しか取らないということを示した。そして，更に，アインシュタインが，これを物質内の電子との相互作用に結びつけて光量子説が誕生したのである。

アインシュタインの特殊相対性理論によれば，静止質量m_0の粒子がある早さで運動しているときの全エネルギーは，

$$E^2 = (m_0 c^2)^2 + (pc)^2 \quad \cdots\cdots (5.3)$$

で与えられる。ただし，cは光速度，$p = mv$は運動量である。これを光自身に当てはめると，光（フォトン）は粒子だが静止質量は0である。

したがって，フォトンエネルギーは，

$$E = pc = mc^2 \cdot \quad (5.4)$$

となる。

ある意味で光と物質とを結びつける有名な式,

$$E = mc^2 \quad (5.5)$$

はこうして生まれた。

かくして，光と物体との相互作用は古くて最も新しい学問分野なのである。

5.4.2　分光反射率

マクロ光学的な視覚特性を論じるにあたり，光と物体との相互作用において，その特性を評価するのに一般的によく用いられている指標に，分光反射率がある。分光反射率とは，その物体が，どの波長の光をどれくらい跳ね返すかという指標である。主に物体からの反射光で物体認識をしているヒューマンビジョンでは，透過で見るステンドグラスのようなものを除いて，この分光反射率によって物体の色が決まっている。

物体との相互関係においては一般に反射・吸収・透過の３つを考え，この特性は光の波長によって異なってくるため，図5.5に示したように，それぞれ，分光反射率，分光吸収率，分光透過率という指標を設定する。図5.5では，波長の違いを色で示し，反射，吸収，透過の度合いを矢印の長さで示した。

固体中の光の吸収は，その固体を構成する電子のエネルギー準位の遷移に関わるエネルギーの吸収や，固体を構成する結晶の結晶場との相互作用に起因する格子振動などによってなされると考えられている。

以下，電子エネルギーとして，光のエネルギーが吸収される場合を考えてみる。

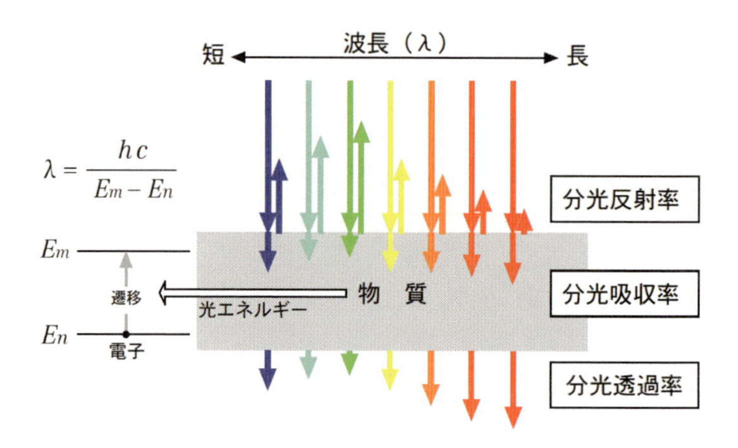

図5.5　照射光の反射・吸収・透過特性

固体中の電子は離散的なエネルギー準位を取り，例えば，低いエネルギー準位にあるときの電子のエネルギーをE_m 遷移先の高いエネルギー準位に有る時をE_nとすると，光がこの物質に吸収される条件式は，

$$E_m - E_n = h\nu \quad \cdots\cdots (5.6)$$

h：プランク定数
ν：光の振動数

となる。

したがって，

$$\nu = \frac{E_m - E_n}{h} \quad \cdots\cdots (5.7)$$

なる条件を満たす光が吸収されることになる。

ここで，光速度をcとすると，(5.1) 式から，

$$\nu = \frac{c}{\lambda} \qquad (5.8)$$

なる光の波としての基本式が得られる。

(5.7) 式と (5.8) 式からνを消去すると

$$\lambda = \frac{hc}{E_m - E_n} \qquad (5.9)$$

なる条件を満たす波長の光がその固体に吸収されるということになる。

吸収されなかった光は反射または透過されるが，今度は界面の屈折率の比や，自由電子による電気分極と光の振動電界との相互作用のほか，光の入射角によって反射・透過が規定され，屈折率や吸収率の大きな固体，または入射角が大きい場合には光が透過しにくく，反射されやすくなる。

5.5　色情報の本質

視覚認識において光から得る情報といえば，まずは「光の明暗」，その次に「色」と答える方が多いのではないだろうか。物体には様々な色がある，新緑の季節には萌える若葉色，秋になると山は紅葉色に染まる。空は青く，雲は白く，この世は晴れ晴れとして光に溢れ，色とりどりに咲き乱れる花もある。そしてこれを捉えるカラーカメラやカラーテレビもあり，様々な色の物体があるが，この色の情報とはどのようなものなのだろうか。マシンビジョンの世界においてまず最初に押さえるべき，色について考えてみる。

5.5.1　光の色と物体の色

色は物体が本質的に持っているものなのだろうか。答えは否である。その証拠に物体に照射する光のスペクトル分布を変えただけで，物体の色は全く違っ

た色になってしまう。

我々は，物体そのものを直接見ることができない。物体に光を照射し，物体から返された光の変化量しか見ることができないのである。したがって，そのもとの照射光の波長成分に変化があれば，当然物体から返ってくる波長成分も変化してしまう。

我々はそれを見て，色が変わったと知覚することが出来る。それでは，なぜ，我々は色を感じることが出来るのだろう。その答えにつながる事実として，その「色」は，経験則的にRGB（Red, Green, Blue）の赤，緑，青の光を適当な割合で混ぜ合わせることによって作ることができる，ということが知られている。実際にカラーカメラもカラーテレビもこの法則を使っている。果たして，この世の色は，すべてこの三原色から成っているのであろうか。

答えは，否である。なぜなら，もしこの世の色がRGBの三原色からできているのならば，あの美しい虹もRGBの三色に分かれていいはずだが，虹は七色に，しかも連続的に変化している。

カラーテレビに映された赤いリンゴと，現に手に持っている赤いリンゴとを較べて，そのリンゴの赤は同じであろうか。

図5.6に，カラーモニタに映されたリンゴと，実物のリンゴのスペクトル分布の例を示す。人間の視覚で見たときに，質感等は別として，両者の色は，全く同じであるとしよう。

実物のリンゴの方は，赤より少し緑寄り，すなわち短波長寄りにピークを持つスペクトル分布である。ところが，カラーモニタでは，RGBのドットしか持っていないためにに，赤に少

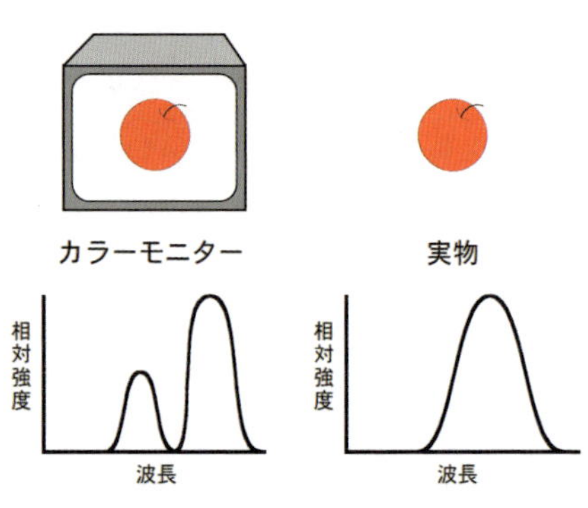

図5.6　リンゴの色のスペクトル分布

し緑を混ぜてリンゴの赤を表現することになる。人間の視覚では全く同じ色にしか見えないが，これは明らかにスペクトル分布が違うわけである。果たして，これを同じ色といっていいのだろうか。

視覚で捉えている色としては同じでも，目に刺激を与える光としては，そのスペクトル分布が同じであるとは限らない。つまり，人間の目には同じ色に見えていても，スペクトル分布は違っているということは別に珍しいことではない。逆にいえば，人間の視覚では判別のつかない色がたくさんあるということになる。

5.5.2 光の三原色と色の三原色

人間の目の網膜には，感度の波長特性が異なる３種類の細胞があって，長波長帯域に感度のある順に，L・M・S細胞と呼ぶ。L細胞で光を感じると赤色に感じ，M細胞は緑色，S細胞は青色に感じる。すなわち，人間はこの３種類の細胞で光や物体を見ているため，その光のスペクトル分布によって，RGB をはじめ，その混色で得られる色を，頭の中で勝手に作り出しているに過ぎない。

光の色は光源色といい，RGBのそれぞれの波長を持つ光を混ぜ合わせて作ることができる。このような色の発現プロセスを，加法混色法と呼ぶ。カラーモニターの色は，RGB各色のドットを用いて加法混色法で作られているわけである。

一方，我々が通常目にしている物体の色は，一般に分光反射（吸収）率の違いによって生じている。白色光には様々な波長の光が混ざっており，リンゴの色素はこの白色光から主に青と緑の波長成分を吸収してしまう。その結果リンゴの赤が発現する。引き算で色が決まることから，これを減法混色法といい，その色を慣用的に物体色という。

光源色と物体色の違いは，色が作られるプロセスにあり，その元になっているのが，人間の視覚においてはRGBの色に翻訳される，それぞれの波長帯域の

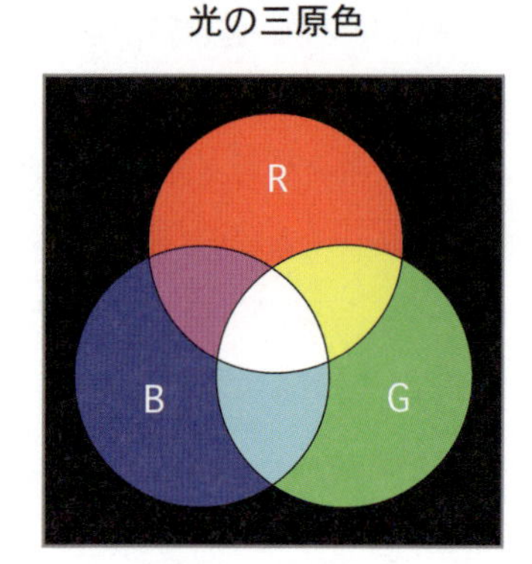

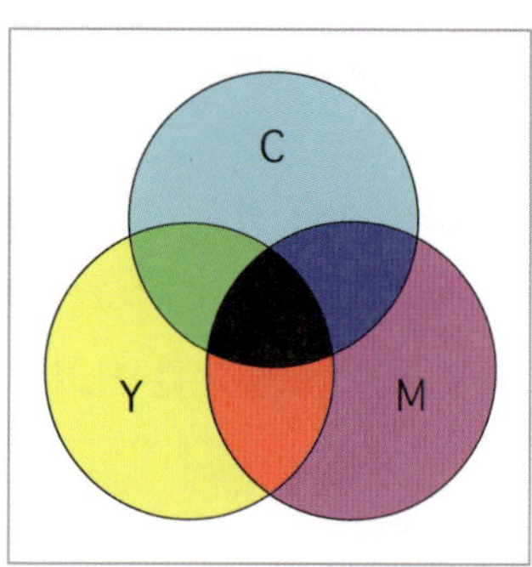

図 5.7　光の三原色と色の三原色

光である。

図5.7に，それぞれ，光と，色の三原色を示す。

光の三原色の方は，すべて混ぜ合わせると白色になる。色の三原色の方は，すべて混ぜ合わせると黒になる。照射された白色光を全部吸収してしまうからである。

色の三原色のシアン（C：青緑）は，白色光から赤色（R）の光だけを吸収するので，残りは青（B）と緑（G）の光になり，これを混ぜたシアン色に見えるわけである。

同様に，マジェンタ（M：赤紫）は緑（G）の光だけを吸収し，イエロー（Y：黄）は青（B）の光だけを吸収するので，それぞれ残りの光の色成分を混ぜ合わせた色に見えている。

物体色を演出している減法混色の様子を，図5.8に示す。つまり色の三原色のCMYは，それぞれ光のRGBを独立に吸収する特性を持っていて，CMYを適当に混色することで，RGBの吸収度合いを独立に制御することができるわけである。

しかし，この三原色の法則が成立するのは人間だけであることに注意する必要がある。その元は，網膜の視細胞にそれぞれRとGとBの光を感じる３種類の細胞があることに起因するわけである。すなわち，自然界ではこのスペクトル分布がほぼ連続であることに，注意する必要がある。人間の視覚では，この連続のスペクトル分布の大まかな変化を，色として認識していると考えてよい。

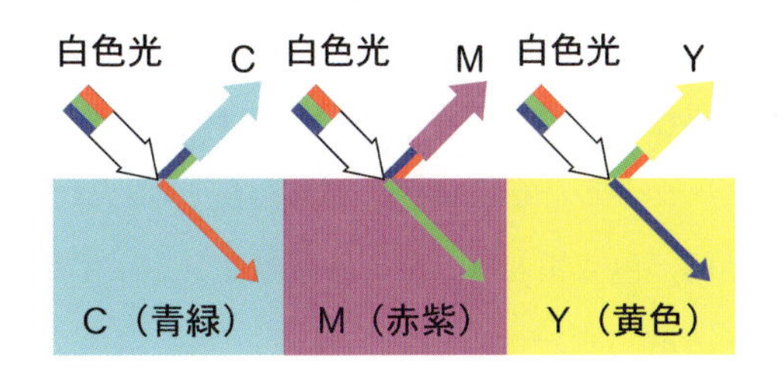

図5.8　物体色の発色メカニズム

5.6 色と濃淡画像

光，及び色の三原色の法則は，自然界の法則でもなければ，物理法則でもない[4]。この世に色という物理量はないわけである。したがって，色は比較することはできても，絶対量を測定することはできない。

物体認識において「色」を扱う場合は，この点をよく考慮していないと思わぬ落とし穴にはまることがよくある。結局，色は人間の目が勝手に作り出しているわけで，光そのものに色があるわけではない。このことは，かつてアイザック・ニュートン（Isaac Newton）が世に示した大発見でもあった。彼はこう云っている。“The rays are not colored.”

このことは，まさに価値観の大どんでん返しであり，一般には，光にも物体にも色が付いていると思っているわけだが，実は自分の目に色が付いていたわけで，天動説と地動説に匹敵するほどのパラダイムシフトといえるだろう。そして，このことは，ライティングを考えるときにも，重要な考え方のひとつになっている。「色」は，広義に捉えると，スペクトル分布の変化ということになるが，人間が捕捉できるスペクトル分布の変化は，可視光帯域を大きく三分して，その各領域の相対強度がどの程度違うか，といった程度の大まかな変化でしかない。だから，人間の目には全く同じ色に見えても，その同じ色に見えるスペクトル分布はいくらでも存在するわけである。

結局，色情報とは，波長毎の強度分布，すなわち濃淡差でしかないということである。

5.6.1　白色光と単色光

図5.9に示すように光は電磁波であり，波長の順に並べると人間の目に感度があるのは0.4μm～0.7μmの範囲で，それより波長が短い部分が紫外光，長い部分が赤外光である。紫外や赤外の帯域は，人間の目に見えないとはいえ，同じ光であることに違いはないので，ここでは敢えて光と呼ぶこととする。すなわち，X線もγ線も，はたまた電子レンジに使用されているマイクロ波や，テレビやラジオの放送に利用されている電波も光である。

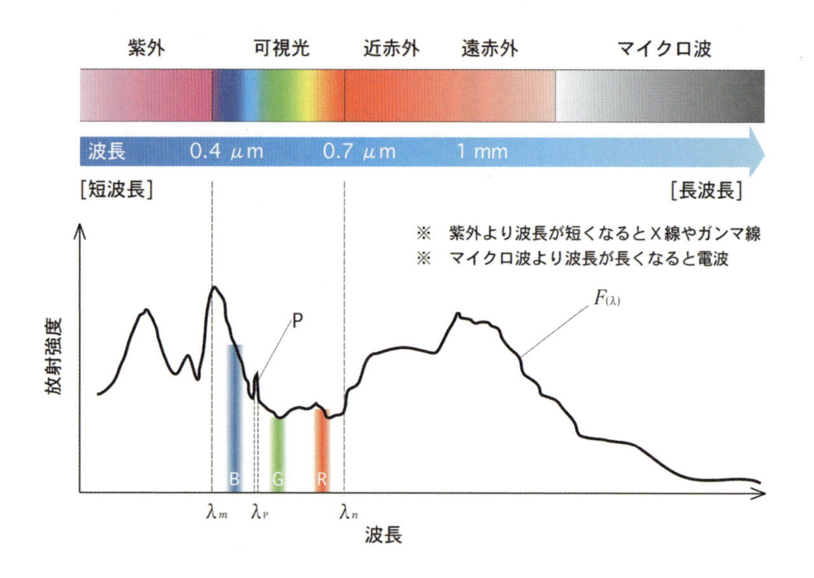

図5.9　電磁波の中の可視光とその変化量

光のエネルギーは（5.2）式と（5.8）式により，

$$E = nh\nu = nh\frac{c}{\lambda} \quad \cdots\cdots (5.10)$$

n：量子数
h：プランク定数
ν：光の振動数
c：光速度
λ：光の波長

で表されるから，波長の短い方がエネルギーが高く，物体を構成する原子内部の電子との相互作用を起こしやすい。

したがって，紫外光では，樹脂等の物質がダメージを受けたり，肌が日焼けしたりする。また，赤外光は物体との相互作用において主に格子振動による光吸収がなされるため，物体に熱を与え温度上昇をもたらす[1]。

我々は通常，このような様々な波長の光が含まれた白色光の元で生活しているが，物体を認識するには果たして白色光が最適なのであろうか。

5.6.2 光の濃淡

図5.9に，電磁波のスペクトル分布の例を示した。人間の視覚では結局RGBそれぞれの相対強度しか認識できないので，その他の部分における強度分布のプロファイルはどうあれ，RGBの相対高ささえ変わらなければ同じ色に見える。図5.9では，この様子を分かりやすく，RGBの棒グラフにしたが，実際にはRGBそれぞれが互いにオーバラップするように広がっている。

一方，物体との分光特性は一般にその変化部分の帯域に局所性があることから，これを検出してなおかつ大きなコントラスト，すなわち高いS/Nを得るための方法は，次の二つしかない。一つは，照射光を，適当な照射波長に合わせ，なおかつ色純度を高く，すなわちスペクトル分布をできるだけ狭くする方法である。もう一つは，センサ側の受光感度帯域をフィルタ等で狭めて，光の変化量の最も大きな部分の光を見るという方法である。

今，捉えたい変化が，図5.9に示したスペクトル分布の点Ｐの突起にあるとする。これに対して，可視光帯域全体の白色光を照射して，点Ｐの突起の有り無しを抽出しようとすると，その変化量は，

$$S_{\mathrm{P}} = \int_{\lambda_P}^{\lambda_P + \Delta\lambda} F_{(\lambda)}\, d\lambda \quad \cdots\cdots (5.11)$$

のようになる。

ここで，図5.9のスペクトル分布の可視光帯域全体の光エネルギーは，

$$S_{\mathrm{V}} = \int_{\lambda_m}^{\lambda_n} F_{(\lambda)}\, d\lambda \quad \cdots\cdots (5.12)$$

であるから，全体の光エネルギーに対して変化する光エネルギー量が極めて小さくなってしまう。すなわち，濃淡差としてはほとんど判別できないくらいのレベルになってしまうかもしれない。ただし，今は視感度特性を考慮せず，光の放射エネルギー[注7]で考えている。

これに対して，変化点Ｐの波長 λ_{P} に合わせてその波長の光を照射すると，点Ｐの変化量による全体の光エネルギーの変化率は極めて大きくなり，その濃淡差は非常に大きなものとなる。

すなわち，変化領域をねらい打ちにするわけである。照射光のスペクトル分布をブロードにすると，照射光は白色光に近づき，その分，局所的な分光特性の変化を薄めることになってS/Nは低下してしまう。すなわち，一般に白色光では画像のキー要素である光の濃淡つまりコントラストがうまく取れなくなっていく。実は色も，各波長の光の濃淡で決まっていたわけである。

[注7] 光のエネルギーや明るさの単位を表現するにあたり，厳密には放射束の単位系(W)と呼称（放射照度，放射輝度，放射強度など）を用いるべきであるが，本書では特に可視光外の放射束であることを強調するとき以外は，単に光束，及び光束の明るさの呼称（照度，輝度，光度など）を用いることとする。

5.7 ライティングとビジョンシステム

機械が持ち得た視覚機能をマシンビジョンといい，折から高解像度の進んだイメージセンサを内蔵するカメラの目と，高速な画像変換が可能な高性能CPUを内蔵する画像処理ユニットを核とするマシンビジョンシステムが，あらゆる製造機械と検査装置に入り込み始めている。

そして最初は，この画像処理ユニットの高性能化がすべてを決すると思われていた。しかし，実はライティング技術こそが，光と物体との相互作用，すなわち光物性における変化量を抽出する立役者であった。

5.7.1 照明とカスタマイズの必要性

今や，工業用FA（Factory Automation)フィールドでの照明は，製造ラインや検査工程における高信頼性設計という観点で，今やマニュファクチャリングの重要な基礎技術として浸透しつつある。

これは，人間の視覚に代わって機械自身が視覚を持ち，その視覚情報を認識して人間に代わって様々な制御をし，その結果できあがった製品の検査も機械が行うという風に，マニュファクチャリングの構造的変化が急ピッチで進んでいることによる。これは，まさに第２第３の産業革命といっても過言ではなく，来たるべきロボット社会の最先端を走っているといっていいだろう。

ここで，その対象物の特徴を安定に抽出する技術，それがライティング技術であり，その設計においては小さなLEDがシステム全体に関わる大きな役割を果たしている。すなわち，小さなLEDであるからこそ，その集合体としての照明では，まさにかゆいところに手が届くカスタマイズが可能になるからである。

マシンビジョン用途向けの照明は，カスタマイズ抜きに考えることはできないのである。単にLEDを買ってきて並べれば，LED照明はできるかもしれないが，その照明には「何をどのように見るか」という魂が入っていない。

それでも明るくする道具としては使えるかもしれないが，それだけのものである。マシンビジョンの視覚機能の中核を担う照明に，魂がこもっていなければ，文字通りそれはただの機械になってしまう。

ビジョンシステムの視覚機能で「何をどのように見るか」というアクティブファンクションは，まさに照明のカスタマイズによって支えられているのである。

5.7.2　ライティングの要件とLED照明

それでは，ライティングの要件とは何か。明るくすることは必要だが，単に明るくするだけではなく，目指す特徴情報をどのように設定し，これを抽出するためにどのように合目的的に明るくするのか，その結果どのような特徴を観察するのか，という３つの命題がその要件の元となる。

様々な光と物体との相互作用のうち，どの変化量を最大化し，またどの変化量を無視するのか。これは，いわゆる信号雑音比（ＳＮ比）と同じ考え方で，被検物のある特徴による変化量を最大化し，次にそれを安定に取り出すためには，今度はその取り出すべき変化量を打ち消したり区別できなくする雑音に相当する変化を最小化すればよいということになる。これを実現するには，単に照明を明るくしても雑音も同じように大きくなるので意味がない。そこで，まずは照射する光の方を理想的に単純化することによって，その変化量もピュアな形で取り出すことができる。

すなわち，光の伝搬方向の変化を最大化するには，幾何光学的に考えて照射光を平行光にしてその照射角度を最適化する。また，スペクトル分布の変化を最大化するには，照射光のスペクトル分布を狭くして単色光に分解したうえで最適化を図ればよいし，旋光特性を最大化するには振動方向を特定の方向だけに絞った偏光を照射する。そして，最後に明暗情報を最大化するには，抽出したい明暗のレベルと変化量を，センサ側のダイナミックレンジにうまく合わせ込めばよいわけである。

ここで，LED素子は，１発光素子が数百μm程度であり，ほぼ点光源と見なせるため，その照射光を光学的に扱いやすいという特徴がある。LEDのパッケージには照射端に凸レンズを配するいわゆる砲弾型LEDと，そのままベアチップを実装しただけのチップタイプがある。砲弾型ではその配光特性を，輝度値が中心のほぼ半分になる半値幅を取ったときの広がり角で±5° 程度にまで絞り込むことができる。このことは，照射方向や照射範囲，更に照射光の平行度においても，極めて精密にその照射構造をカスタマイズできることを意味している。しかも，照射波長の分布は数十nmであり，ほぼ単色光といってよく，その点灯の応答特性は数μs以下と極めて優れていることから，その放射エネルギーを例えばPWM方式などで制御することができ，精度のよい出力制御を実現することが可能となる。

結局，小さなLEDを多数個実装してこれをカスタマイズすることにより，被検物のどのような特徴を見たいかによって様々に変化する観察光の濃淡分布を最適化することが可能になる。これはもう，いわゆる明るくすればいいという照明とは明らかに違う。それは，適用の都度に緻密なライティング設計を要する，合目的的で高度なライティングシステムといえるだろう。

5.8　ライティング設計へのアプローチ

ビジョンシステムにおけるライティングは，単に「明るくする」という照明ではないこと，そして，ビジョンシステムにおいては「何を，どのように見るか」という機能を果たしていることは既に述べた。それでは，その設計に際しては，どのようなことを念頭に置き，どのような方針で設計を進めればいいのだろうか。本節では，その一例についてご紹介する。

5.8.1　ライティングシステムの設計

物体は，照射する光の特性や照射形態によって，おぼろのごとく実に様々に姿を変える。

ライティングシステムだけに着目すると，それは，第一にどのような光を照射するか，第二にその光をどのように照射するか，第三に物体から受けた変化をどのように捕捉するか，という3つの要素から成り立っている。しかし，その原点にあるものは，光と物体との相互作用である。すなわち，どのような相互作用を，どのようにして抽出するかということである。

すなわちマシンビジョンにおいては，照明と物体とカメラの三者の相対関係において，照射光と観察光をどのように設定するかということになる。この最適化を，ライティングシステムの設計と呼び，物体認識におけるキー要素としての光の濃淡差，つまり目指す特徴情報に関するコントラストを如何に安定に抽出するか，ということがその設計の主な目的となる。

図5.10は，梨地金属表面の刻印文字や傷の撮像例である。この例では，照射光の平行度を適当なレベルに調整した同軸照明で，表面での散乱光をキャンセルしながら正反射光の反射率の差を抽出する直接光照明法により，文字や傷の認識に成功している。

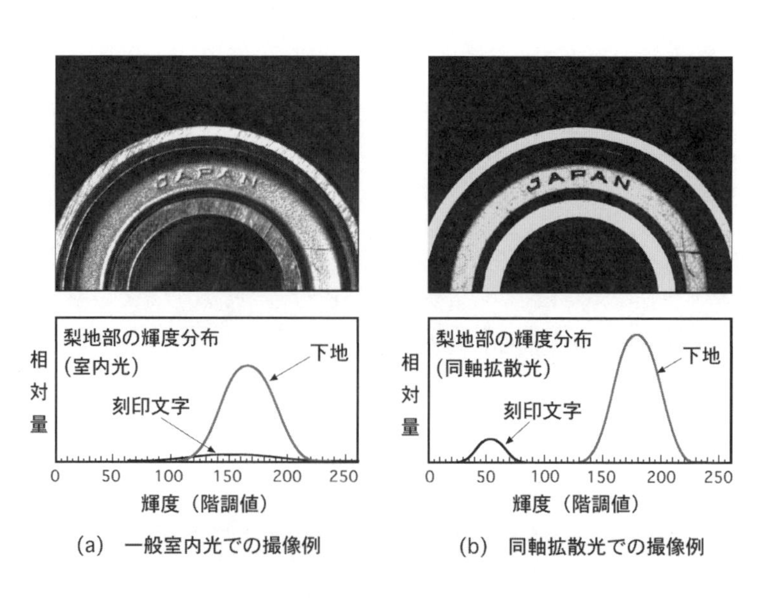

(a)　一般室内光での撮像例
(b)　同軸拡散光での撮像例

図5.10　梨地金属表面の刻印文字や傷等の撮像例

それでは，どのようにしてこのようなライティング設計をすればいいのだろうか。たいていの人は，まずは様々な事例を知りたがる。そして，そこから一定の法則性を見いだそうとする。しかし，これでは，穏当なアプローチではあるが，まだ「照明の当て方」といったヒューマンビジョンをベースにしたアプローチから抜け切れておらず，「何をどのように見るか」ということを論理的に追い込んでいくことは難しいといえる。

5.8.2 最適化設計へのアプローチ

梨地とは，梨の表面のように表面がザラザラとした感じに，粗く荒れているような状態のことをさす。梨地の金属はギラギラとして，顔が映るようで映らず，かと思えば正反射方向に明るく反射光を返す。

そのような表面で，傷や異物を撮像するのは，通常，非常に困難なことだが，この梨地表面で照射した光にどのような変化が起こるかを知り，直接光と散乱光がどのような法則でその明るさに濃淡を付けるかを知れば，照射光で所望の変化を起こし，観察光でその変化量を抽出するという原則に則って，ライティング設計をすることが可能となる。

図5.10の例は，刻印文字と傷の撮像である。まず，散乱光のみで撮像しようとすると，刻印文字部も下地の部分も，また傷の浅い部分も，同様に同程度の散乱光を放っているので，図中(a)のように，刻印文字や傷も下地部分と同程度の輝度となって，判別が難しい。散乱光は，通常，観察光の角度依存性は極めて低い。すなわち，どちらからみても同じ明るさなのである。

梨地であることが災いして，微分処理をしてもノイズだらけの画像になってしまうし，なにより，照射光の方向性による特徴点の濃淡の偏りや，微少なギラツキ，更には部分的なテカリなどがあって，S/Nを上げることは非常に難しい。この画像に特化すればある程度の特徴情報の抽出は可能でも，ワークが傾いたり，その他の条件が少しでも変われば，たちどころに処理系のパラメータを変えねばならなくなる。

それに比べて，図中(b)の画像では，ヒストグラムでも示されているとおり，文字と傷がその濃淡差ではっきりと区別でき，方向性もなければノイズも細かいノイズで，面積判定で除去できるようなものになっていることがわかる。これは，梨地金属表面での直接光の分散角を知り，なおかつノイズとなる散乱光の輝度を押さえ込みながら，梨地の多くの微少な傾き面からの直接光を光学系で適度に捉えることによって可能となる。

このような画像は，決して照明だけをいじっていたのでは得ることが適わないわけである。原則に則り，観察光側でその物体側NAと照射光の平行度を最適化することにより，或る範囲の条件で初めて可能になる撮像例である。

このように，マシンビジョンで必要とされるライティング技術は，単に「明るくする」照明ではなく，「所望の特徴情報を抽出する」というアクティブファンクションとしての，まさにマシンビジョンライティングなのである。

参考文献

1）工藤恵栄，“光物性基礎”，オーム社, Nov.1996.

2）北川克一，“白色光干渉法による透明膜の三次元膜形状計測”，映像情報インダストリアル, pp.73-80 (2004), 産業開発機構, Apr.2004.

3）大津元一，“近接場光とは何か？”，vol.26, No.4, O plus E, pp.372-377, 新技術コミュニケーションズ, Apr.2004.

4）増村茂樹，“画像処理システムにおける照明技術”，オートメーション, vol.46, No.4, pp.40-52, 日刊工業新聞, Apr.2001.

6. ライティングの基礎と照明法

人間の視覚（Human Vision）を元にして機械の視覚（Machine Vision）を実現するにあたり，その視覚認識システムで実質的な解析対象になるのは，物体を映し撮った二次元の画像情報である。画像情報で物体認識をするには，その画像上の濃淡差を利用して着目すべき特徴点を検出しなければならない。一様に明るくても一様に暗くても二次元画像としては意味をなさず，認識にあたっては画像の濃淡を形成する光の明暗が頼みの綱となる。それでは，光の明暗がどのように生じ，またそれをどのように捉えるかについて考えてみる。

6.1 光の明暗と画像の濃淡

光による物体認識を論じるにあたって最も大切な要素は光の明暗である。なぜなら，光の明暗は画像上で濃淡となって，我々はその階調の時間的・空間的な変化の様子に基づいて物体を認識しているからである[1)]。

しかし，我々の視覚は，単に物体から返ってくる光の明暗によってなされており，元になる照射光を変化させると簡単に変化してしまう朧（おぼろ）のような世界なのである。

人間は視覚で得られた画像をあらゆる感覚や経験・知識・知性・感性といった心の働きと有機的に結びつけて総合判断をしており，いわばアプリオリに掴んでいるその本質と重ね合わせて物体認識をしている。

視覚が最も情報量の多い認識方法だとはいえ，この心の働きである精神活動抜きで，単に視覚で得られる画像のみの判断では，極めて不安定な判断しかできないことを思い知らされる。したがって，マシンビジョンの世界では，着目する特徴点に対して元になる画像のS/Nが徹底的に追求されることとなり，その成否の80％がライティングによって左右されると云われる所以でもある[1)]。

6.1.1　光の明暗と色

視覚による物体認識において，濃淡と共に非常に重要な情報に思える「色」も，光の各波長帯域での明暗に他ならない。つまり，我々が一般に「色」として認識しているものは，大まかにいうと可視光の波長帯域を大体３等分してそれぞれの帯域で光の明暗を感じ，その相対量を心理量である「色」に変換しているわけである[2)]。

では，なぜ「色」が視覚にとって重要なファクタになっているのだろうか。それは，「色」を感じるための目の網膜細胞の感度特性が比較的狭いために，一般にその帯域での光の明暗差，すなわちコントラストが大きくなることが，理由の一つになっている。

色は物体から返ってくる各波長帯域の光の明暗そのものであり，そのメカニズムは画像の濃淡を得るための基本要素の一つになっている。

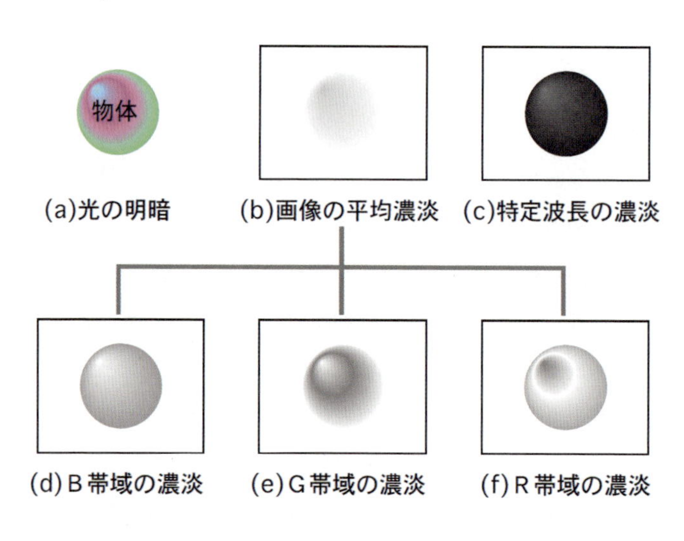

図6.1　光の明暗と画像の濃淡

6.1.2 色と画像の濃淡差

図6.1に，物体から返ってくる光の明暗を画像の濃淡に変換する例を示した。どの波長帯域の光の明暗を捉えるかによって，それぞれの画像がどのような濃淡画像になるかということである。

(b)は，物体から返ってくる(a)の光に対して，例えば可視光の波長帯域全体の平均の濃淡を捉えた場合の濃淡画像である。これは白色光を照射して，可視光帯域全体に感度のあるセンサで観察した場合に相当する。

(d),(e),(f)は，それぞれ，青，緑，赤の波長帯域での平均の濃淡画像を示している。それぞれに濃淡の出方は違うが，白色光の(b)と較べて濃淡差が大きく出ている。これは，それぞれ青，緑，赤色の光を照射して観察する場合に相当する。

更に，特定波長の光の明暗のみを捉えて撮像すると，(c)のように，例えば，物体全体の形に対して大きな濃淡差を得ることができる可能性がある。または，違った波長の光の明暗を捉えることにより，全く違った濃淡画像を得ることも可能であろう。すなわちこのことは，物体からどのような光の濃淡差を得たいかによって，照射する光の波長を最適化する必要があることを示している。

6.2 画像の濃淡差を求めて

「色」は光の明暗が元になっているが，波長をパラメータとして光の明暗を考えるときに，既に光の明暗そのものが「色」の概念を超えてしまう。実際に，赤外や紫外領域のように可視光の範囲を出てしまうと，ＲＧＢをベースにした「色」の概念は通用しなくなる。

マシンビジョンの世界では，本当は色という概念はなくて，「どの波長帯域の光の明暗を捉えるか」ということが濃淡を得るためのキー要素になっているといえる。

6.2.1　照射光とコントラスト

今，照射光のスペクトル分布の着目すると，スペクトル分布の狭い単色光によるライティングで，その波長が最適化されれば，大きなコントラストを安定に得ることができる。このことは，裏を返せば，単色光によるライティングで，ノイズ成分となる他の波長帯域の濃淡差を消した，ということを意味している。

LED（Light Emitting Diode）はそのスペクトル分布が狭く，図6.2に示すようにほぼ単色光であるといえる。一般に，このLEDを用いた照明がマシンビジョンライティングの標準照明になっているのも，一つはこの理由による。

白色光はスペクトル分布がブロードなため，その帯域全体の平均の濃淡を見ることになるため，一般にコントラストは低下してしまう。しかし，センサ側でセンスする波長帯域を狭めてやれば，その波長帯域での平均の濃淡差を得ることができる。

すなわち，色情報から最適な濃淡差を得るためには，照射光の波長帯域を狭めるか，観察側でセンサの波長帯域を狭めるかのどちらかになる。

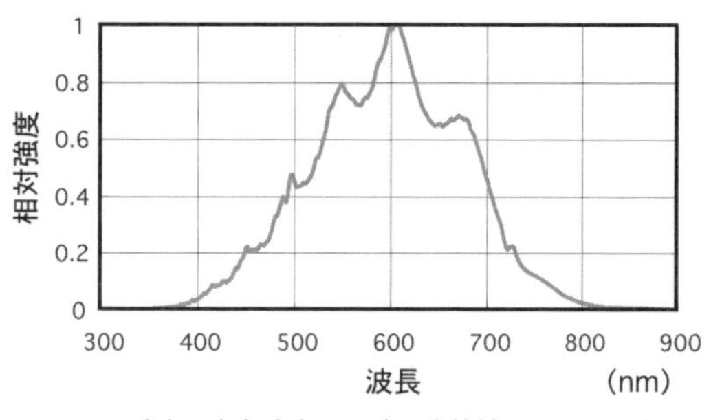

(a)　白色光(ハロゲン球熱線カット付き)

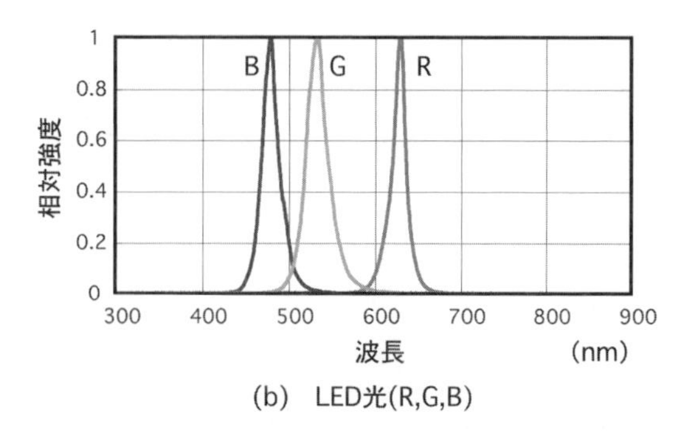

(b)　LED光(R,G,B)

図6.2　ハロゲン球とLEDのスペクトル分布

6.2.2 照射光と特徴点の抽出

特定の波長の光を照射することで，着目したい特徴点を高コントラストで捉えられる可能性が大きくなる。しかし，違う波長帯域でコントラストを得たければ照射波長を変えなければならない。かといって白色光を使えば，一般に全体のコントラストが低下してしまう。

マシンビジョン用途におけるライティングは，着目する特徴点の情報を高S/Nで抽出することが重要になる。したがって，場合によっては，対象ワークごとに照射光の波長を最適化する必要があり，ここが一般の天井照明などと大きく違ってくる点で，案件ごとに丁寧なカスタマイズが要求されることが多い。色情報を濃淡差に変換する場合は，そのスペクトル分布の変化を把握すると同時に，バラツキを確認しておく必要がある。

6.3 光の明暗の起源

視覚で物体認識をするには，その物体から返される光の変化量が重要な要素となる。光は電磁波であり，電磁波とは物質中を電場と磁場の振動が伝搬する現象をいう。この世のあらゆる物質は自らも電磁波を放射しているが，我々が視覚で認識しているもののほとんどは，太陽やその他の可視光光源によって照らし出された姿である。電磁波に対する物質固有の波長特性を分光特性といい，可視光の範囲内では我々はこれを色として認識している。光はこのほかに粒子としての性質も併せ持つが，物質界面での相互作用では波としての性質による影響で，反射や散乱といった要素による光の変化量も無視できない。

光の明暗がどのように生じ，またそれをどのように捉えればよいのか。本節では電磁波の性質に立ち返って，その本質に迫ってみたい。

6.3.1 電磁波の要素と物体認識

電磁波は基本的に直進する性質を持ち，電磁波を構成する電場と磁場が進行方向に対して垂直に振動する横波である。その様子を，図6.3に示す。その性質は電界と磁界を伴った横波であって波動的性質を持つが，周波数が高いほどエネルギー量子としての姿が強く観察され，粒子的性質が濃くなる。

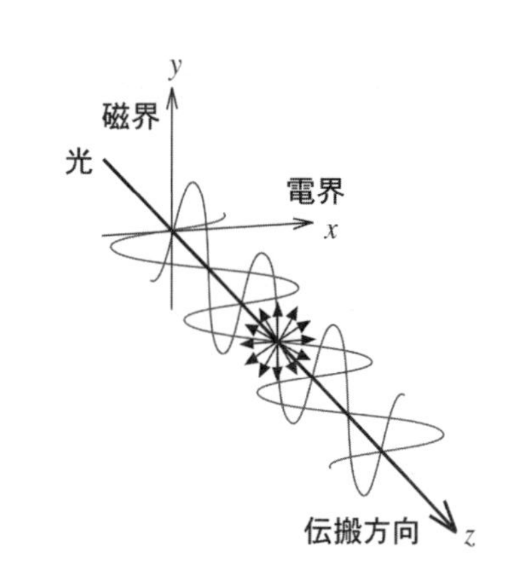

図6.3　電磁波としての光の姿

物質界面における変化では，このうち波動的性質が強く発現する。なぜなら，物質界面でその伝搬スピードが大きく変化するからである。

図6.4に示すように，電磁波には，振動数（または波長），伝搬方向，振幅，偏波面（偏光軸）という4つの要素がある。大まかに云うと，このうち，振動数（周波数）が色に関係しており，伝搬方向は光を感知するセンサ光学系に，振幅は伝搬するエネルギーすなわち光の明暗に，それぞれ関係している。

また，偏波面は人間の視覚では捉えることができないが，偏光子を利用することにより，偏光の度合いを光の明暗として捉えることができる。光学的にもこれが応用されて，物質の旋光特性を光の明暗に変換して観察することができ

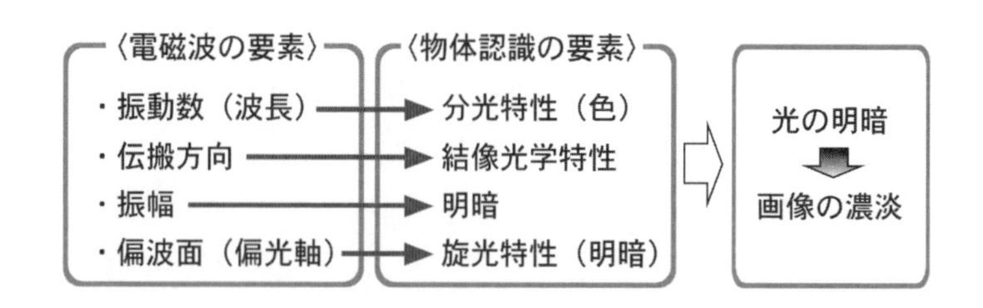

図6.4　電磁波としての光の要素と物体認識

る。

色は各波長の光の明暗に他ならないし，結像光学系も光の明暗像を作り出すわけだから，結局，電磁波の主な4つの要素はすべて光の明暗，すなわち画像の濃淡として反映されることになる。だからこそ，光の明暗が画像処理のキー要素になるわけである。

6.3.2　物質界面での反射・散乱

物体表面に光が照射されると，光の波動的性質により，その伝搬方向が変化することが知られている。

2.2.1節で既に説明したように，ライティングの世界では，物体から返ってくる光を直接光（direct light）と散乱光（scattered light）に分類する。

なぜなら，この両者で光の伝搬方向の変化が著しく異なり，このことが，照射光と観察光を物体に対してどのように設定するか，また，その濃淡差をどのように発現させるか，というライティング設計の根幹に関わっているからである。

直接光とは，鏡のように照射光がそのまま反射された正反射光と，透明なガラスのように照射光がそのまま透過された正透過光のことを指す。散乱光とは，白い紙のように光が照射された点が新たな点光源のように振る舞って全方位に光を放つ場合を云う。一般的に，直接光は明るく，散乱光は暗い。

実は，光の明暗が最も顕著に表れるのは，マクロ光学的な波としての4要素のうち，この光の伝搬方向の変化なのである。

ヒューマンビジョンにおいては，この濃淡情報は補助的に利用されるか，またはできるだけ濃淡差が発生しないような照明を用いる。なぜなら，その濃淡差が大きすぎて，一視野で見る人間の視覚のダイナミックレンジを超えてしまうことが多いからである。

しかし，マシンビジョンライティングにおいては，その画像の濃淡差を発現させるにあたって，非常に重要な要素となっている。

6.4　直接光と散乱光の光学特性

それでは，直接光と散乱光の光学特性がどのように違っていて，それがライティングシステムの設計にどのように関わるのかを考えてみる。直接光も散乱光も物体から返される物体光であり，物体からの光の濃淡を考える際には，いつもこの直接光と散乱光が基本になることを，どうか肝に銘じられたい。

6.4.1　直接光と散乱光の伝搬形態

一般に，直接光では，ワークを介して光源が見えているのと同様に考えられるが，実際には結像光学系の焦点は物体界面に合っており，物体界面の各点から放射される物体光を結像している。これは，散乱光においても同様であり，このことから，今，物体界面上の点の明るさを考えてみる。

図6.5に，光束モデルを使って直接光と散乱光の伝搬形態を図示した。

今，物体界面の或る点Pに，放射エネルギーがFなる放射束が照射されている場合を考える。

このとき，直接光では物体界面で光が反射され，観察光学系に到る。透過の場合には，物体界面を透過して，直接，観察光学系に光が照射されているのと

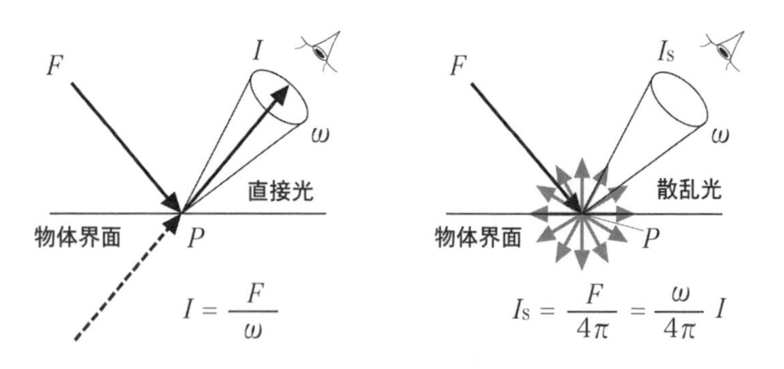

図6.5　直接光と散乱光の光学特性

同じである。

このとき，点Pから観察光軸に向かって立体角ω内で一様な光束Fが分布していると考えると，直接光を観察している場合の点Pの明るさIは，

$$I = \frac{F}{\omega} \quad \cdots\cdots (6.1)$$

となる。Iは，点Pの光度を表しているわけである。

一方，散乱光では，同じエネルギーFの光が照射されたとき，この照射光が点Pから全立体角に均一に散乱されると考えて，点Pの明るさが観察光軸側からI_Sの光度で見えるとすると，全立体角で発散されている光束は$4\pi I_S$となり，これは元々照射された全光束Fに等しいはずであるから，

$$4\pi I_S = F \quad \cdots\cdots (6.2)$$

となる。ここで，(6.2) 式に (6.1) 式を代入すると，

$$I_S = \frac{F}{4\pi} = \frac{\omega}{4\pi} I \quad \cdots\cdots (6.3)$$

という関係式が成り立つ。

(6.3) 式の意味するところは，散乱光の明るさは，照明条件が同一照射立体角を形成している場合に，直接光の$\omega／4\pi$倍になっている，ということである。

6.4.2　直接光と散乱光の明暗

直接光は，照明から発せられた光束の相対関係を損なわずに物体から返される物体光である。したがって，その照射立体角が変化しない限り，照射光の平行度が観察光でもそのまま保存されることになる。すなわち，観察光において

もその光源を直接見ているがごとくに，明るい像を捉えることができる。

これに対して散乱光は，全方位に光が散乱してしまうので，その点に照射される光のエネルギーが同じなら，(6.3) 式のように，一定方向に対する明るさは直接光に較べて極めて低くなってしまう。

通常の結像光学系で観察立体角[注8] ω は0.1〜0.01程度なので，$\omega / 4\pi$ の値はおおよそ1/100〜1/1000程度となり，散乱光は直接光に比べて1/100〜1/1000の明るさにしか見えないということになる。

したがって，直接光と対比させて散乱光を観察する場合，観察側の光学系の開口数(NA：Numerical Aperture)はできるだけ大きく取る必要がある。要は観察光の立体角 ω を大きく取らないと充分なS/Nが得られないわけである。

一般に，散乱光を観察するのに，極めて開口数の低いテレセントリック光学系を使用してS/Nが取れず，大光量の光源を使用している例が多く見受けられるので，注意を要する。

6.5 照明法の原点

目的とする特徴点を安定に抽出するにあたり，基本となる照明法は２つに分類される。直接光の明暗を捉える直接光照明（明視野）と，散乱光の明暗を捉える散乱光照明（暗視野）である。(2.2.2節参照)

両照明法ともその撮像画像の濃淡は，照射光の照射形態に大きく左右される。それは，照射光が物体表面の幾何学的な様態によって比較的大きな影響を受けるからである。物体界面で生じる濃淡差は，我々がその一部を「色」として認識している濃淡差に較べて，より特徴的で支配的なことが多い。これを最適化し，安定にその特徴点を捉えるためには，照明法の基礎を押さえていることが不可欠となる。

物体認識において我々が光から得ることのできる情報として，「光の明暗」と「色」がある。「色」は各波長帯域での光の明暗を人間が部分的に色覚に翻

[注8] 観察立体角とは，物体上の１点から観察光学系の瞳経に対して張られる円錐状の立体角を指す。

訳しているにすぎないし，そのほかにも光の偏光状態や結像光学系による立体形状の認識等もあるが，その認識の根本にあるのは結局「光の明暗」であるといって良い。それでは，この光の明暗を捉える照明法の原点について考えてみよう。

6.5.1 物体界面での光の変化を捉える

物体から返ってくる物体光の明暗には大きく２種類ある。一つはいわゆる分光反射率の特性による明暗，すなわち「色」であり，もう一つは物体表面の形状，凹凸，異物，傷，面粗さ等で生じる明暗である。前者は光の分光特性による明暗であり，後者は光の伝搬方向，すなわち光束の相対関係（密度）による明暗である。そして，この光の変化量を捕捉するためには，変化量の大きさとその変化が発生する輝度レベルを安定化して観察する必要が出てくる。

よく「均一な照明」ということをいうが，これは照明そのものが均一に光を放っているということではなくて，目的とする物体に対して均一な照明がなされるということである。しかも，均一な照明とは，均一に光が照射されることではない。一般には，観察手段との関係において，物体界面の影響による光の変化を，その形状や部位によらず，各々の影響の大きさに比例した光の明暗差として捉えることが要求される。

一方，物体から返される物体光には，直接光と散乱光があり，実はどちらの光を見るかによっても，物体から返される光の明暗差すなわち均一度が変わってくるのである。これに関しては，照射光束の配光特性と観察立体角とが関係しており，詳細は応用編に譲るが，図6.6より，照射光束の平行度が高い場合に均一度が高いことは，容易に推察できよう。

直接光と散乱光は，物体界面において光の進行方向にどのような変化が発生するかによって分類される。すなわち，直接光とは，その光束の相対関係を損なわずに反射または透過する光であり，散乱光とは，その照射面が新たな点光源の集合であるかのように，照射光を全方位に反射または透過する光である。

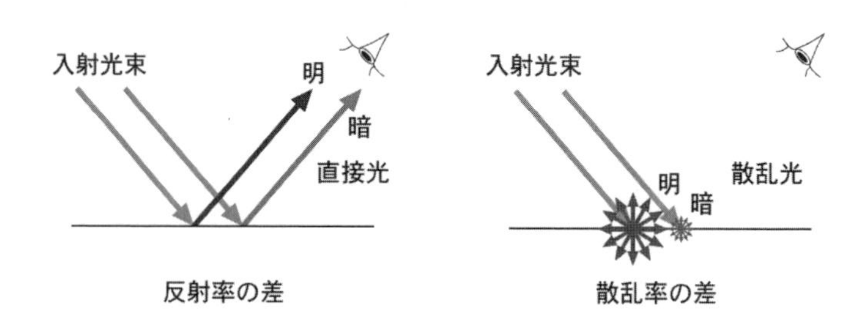

図 6.6　直接光と散乱光の明暗

したがって，物体界面での光の変化を捉えるには，直接光の明暗を捉えるか，散乱光の明暗を捉えるか，方法は２つということになる。

6.5.2　照明法の基礎

直接光照明では直接光を観察するが，一般に直接光では光が周囲に散乱せずに観察光学系に捉えられ，明るい光を観察することができるので慣用的に明視野と呼ぶ。また，散乱光照明では全方位に散乱した散乱光の一部をある特定の方向から観察するため，一般にその観察光は暗く暗視野と呼ぶ。

図6.6に示すように，直接光では反射率の差で明暗を得，散乱光では散乱率の差で明暗を得る。直接光では入射光と観察光軸との関係がタイトであり，入射光の照射角度やワークでの反射（透過）角度が変われば大きな明暗差を得ることができ，その明暗のエッジは比較的鮮明であることが多い。

一方，散乱光では観察光軸との関係がそれほどシビアではなく，S/Nを取るためには観察光の立体角を大きく取る必要があるが，そうすると微少な散乱点を捕捉しやすいという特徴がある。

ところで，図6.6では，照明とワーク面，及び観察光学系である目の位置関係が変わっておらず，それぞれワーク面から直接光と散乱光が観察されているだけである。それなのに，これが照明法の基礎というのは不思議な感じを持たれるかもしれない。

また，前出の図2.2においては，照明とワークの位置関係は変わらずに，カメラの位置が変化して，明視野か暗視野かが決まっている。しかし，これが，「マシンビジョンライティングが，単なる照明の当て方ではない」ということの一つの根拠になっているわけである。

確かに，ライティングシステムでは照射光と被検物と観察手段の相対関係，すなわち照明・ワーク・カメラの三者の相対関係はシステム全体の重要な設計要件になっていることは事実である。それは，ヒューマンビジョンではあまり意識されない光の伝搬方向の変化が，視覚情報の大きな要素になっていることを示している。

しかし，その大元にあるのは，結局，「何を，どのように見る」のかということなのである。ヒューマンビジョンにおいては，それは照明の前提として扱われており，マシンビジョンにおいてはそれが照明の機能になっていることに留意されたい。

6.6 ライティングの極意

ビジョンシステムにおけるライティング技術とは，照明そのものの設計もさることながら，どのような光をどのように照射し，物体との相互作用の結果生じた変化量を，今度はどのように検知して撮像するか，というところまで考えないと完結しない。

それでは，どのように照明系の設計を進めればいいかというと，ライティングの方法論の原点にあるのが直接光と散乱光，すなわち照明法でいうと明視野と暗視野なのである。

6.6.1 白い紙を黒く撮像する

直接光と散乱光を観察するもののワーク代表として，鏡と紙がある。どちらも，ただそれだけを撮像しなさいといわれると結構難しいことに気付く。鏡では周囲の景色が映ってしまうので，鏡を撮っているのか周囲の景色を撮っているのかわからなくなってしまうし，白い紙ではただ白く撮像されるだけで，それだけでは何を撮っているのか分からず，周囲と対比させて初めて白い紙を白い紙として撮像することができる。

ここで，白い紙を黒く撮りなさいというと，普通は困惑して当然だが，これがライティング技術の世界では基本中の基本となる。

図6.7に示すように，直接光照明法でこれを撮像すれば，反射率の低い紙は反射率の高い鏡との対比で真っ黒に撮像されることになる。そして散乱光照明法で撮像すれば，散乱率の高い紙がそのまま白く撮像される。

直接光照明では反射率の差がその濃淡差として捉えられるため，反射率の高い鏡は真っ白に，反射率の低い白紙は真っ黒に撮像されるわけである。ただ

白い紙と鏡を、
直接光照明：反射率の差
散乱光照明：散乱率の差
で撮像した。

(a) 直接光照明法　　(b) 散乱光照明法

図 6.7　紙（白）と鏡の撮像例

し，ここでいう反射率とは，直接光の反射率という意味で使用しており，顔の映らない白紙は，直接光の反射率がほぼ0に近いということになる。

一方，散乱光照明法では散乱率の差がその濃淡差として捉えられるので，紙は真っ白に，鏡は真っ黒に撮像されるわけである。鏡の表面の散乱率は非常に低く，それが鏡が鏡たる所以でもあろう。

6.6.2　黒い紙を白く撮像する

通常，ヒューマンビジョンにおいては，白い紙は影絵にでもしない限り，白い紙は白く見えるのが普通である。同一照明条件で，白い紙にも同じように光を照射した上で，白い紙が黒く撮像されるのである。それでは，なぜ，直接光照明では白い紙が黒く撮像されるのか。その秘密は，6.4.1節で説明した直接光と散乱光の光学特性にある。

黒い紙と鏡を、
　直接光照明：反射率の差
　散乱光照明：散乱率の差
で撮像した。

(a) 直接光照明法

(b) 散乱光照明法

図 6.8　紙（黒）と鏡の撮像例

直接光照明法では，物体から返される直接光の反射率の差を捕捉できるように，ダイナミックレンジの調整がなされている。実は，直接光照明法においても，白紙から返される散乱光はカメラ側でセンスされている。しかし，直接光は，散乱光に比べて100〜1000倍明るいわけである。現状のCCD素子のダイナミックレンジは高々50dB程度であり，100〜1000倍も明るさが違うと，鏡の明るさにダイナミックレンジを合わせると，白紙は真っ黒にならざるを得ないわけである。実は，白紙の部分も，散乱光で暗く光っているわけである。

そしてこの原理を応用すると，更に図6.8に示すように，黒い紙を白く撮ることも可能である。すなわち，散乱光照明法では散乱率の高い紙が，散乱率の低い鏡との対比でその色にかかわらず白く撮像されるからである。これは，「照明法の原点がその光束密度すなわち明暗差にある」というシンプルな事実に基づく結果であり，ライティング技術におけるコロンブスの卵といってもいいのではないだろうか。

参考文献

1）増村茂樹，“LED照明とライティング技術”，映像情報インダストリアル，pp.70-81，産業開発機構，Jul.2003.
2）大坪順次，“光入門”，コロナ社，Aug.2002.

7. 直接光照明法と散乱光照明法

マシンビジョンにおけるライティング技術とは，「特定の条件の視野範囲において，被写体の特定の情報を安定に抽出する技術である」といってよい。人間の視覚機能のために用いる照明とは目的が異なるわけで，当然，明るくするだけではその役目を充分果たすことはできない。そして，これも当然のことであるのだが，その系の検出内容や目的によって，どのような情報をどのように抽出するのかが変わってくる。

ここのところが，いわゆるヒューマンビジョンと切り分けられていないと，どのようなライティングシステムを提供すればいいのかが判らなくなってしまう。人間の目で見て「ちょうどいい感じ」が通用しないマシンビジョンの世界では，一旦，自らの目を閉じて，心眼ならぬカメラの目で目的物をよく見てみることが必要だ。

7.1 色即是空

「色即是空」とは仏教経典の中に出てくる文言だが，アイザック・ニュートンが「光に色はない」と云って，色が人間の目と頭で作られている心理量であることを示したことと，どこかで通じ合っているような気がする。

色は物体の本質ではなく，物体と光との相互関係の中に，その一面が現れているにすぎない。この世とあの世の相互関係を示した「色即是空・空即是色」とどこか似ていると思うのは私だけであろうか。

7.1.1 色の濃淡画像と表面状態

物体に光を照射したときに，どの波長帯域の光が物体に吸収されるか，そしてどの波長帯域の光がどれくらい反射・透過するか，ということで物体の色が決まっている。

色は照射光のスペクトル分布が部分的に変化することによって発生する。すなわち色も光の明暗なのだから，照射する光のスペクトル分布を変えてやれば，簡単に物体の色も変わってしまう。

LED照明では半値幅が20nm程度の単色光に近い光を得ることができる。この光は，ちょうどスペクトル分布の変化を切り取るメスのような役割をする。物体の色合いの違いを見事な濃淡差として撮像することもできれば，逆に跡形もなく消し去ってしまうこともできる。要は，特定波長の光の明暗を画像の濃淡に変換しているわけである。

したがって照射光の波長帯域とそのスペクトル分布さえうまくコントロールできれば，この色を識別するのに，さほど凝った照明は要らない。しかし，実際に光を照射してみると，その光は物体の表面でその進行方向に大きな変化を生じる。すなわち，直接光（正反射光と正透過光）や散乱光である。そして，この影響は物体が本来持っている分光特性（分光反射・吸収・透過特性），すなわち「色」よりも支配的な場合が多い。

7.1.2　色と映り込みの区別

一般的な照明で，部分的に照明が映り込んで，直接光が返ってくる場合がある。ヒューマンビジョンでは，この映り込みも重要な視覚情報の一部になっていて，この映り込み具合で，一部，表面の状態を推測したりするのである。

ところで，真っ赤なポルシェのボンネットに空の青や雲の白，木々の緑が鏡のように映り込んだ状態で，果たしてマシンビジョンはこのボンネットがすべて真っ赤で傷一つないことを判断することができるであろうか。被写体，照明，カメラの相対関係が変わらないとすると，マシンビジョンにはこの映り込みが本来の柄なのか，光のいたずらなのかを判断する術はない。

図7.1にこの様子を示すが，物体の表面では光の進行方向が変化しており，

図 7.1　ボンネットの映り込みと色

物体から返ってくる物体光はその変化形態から直接光と散乱光に分類される。

直接光は，光沢のあるボンネットに映った空や雲や木々の姿である。直接光とは，照射された光束の進行方向の相対関係を損なわずに反射，または透過する物体光である。したがって空や雲や木々の姿がそのまま映し込まれることになる。

これに対して映り込みのない部分は，塗料の赤い色をそのまま反映しており，これが散乱光であるために，表面の凹凸が目立たなくなり，均一に見えている。

7.2　直接光照明と散乱光照明の本質

「色」は，照射光と物体との相互作用によって生じるそのスペクトル分布の変化を捉えている。したがって，その変化する波長帯域に合わせて照射光の波長を選択すると大きな濃淡差が現れ，そのスペクトル分布をブロードにしていって白色光に近づけていくと濃淡差は薄まっていく。また，逆に変化する波長帯域をはずして照射すると，濃淡差をなくして全く見えなくすることも可能である。

これに対して，直接光照明法では物体からの直接光を捉え，散乱光照明法では物体からの散乱光を捉える。すなわちこれは，物体界面で発生する光の進行方向の変化を捉える照明法であるといえる。そして，光の進行方向の変化を，光束密度の変化で捉える必要のあることから，その光を観察する結像光学系の特性が大きな影響を及ぼしているわけである。

ライティングシステムの設計においては，光の進行方向とその変化を意識し，その光束密度の変化量を考慮しながら最適化を図っていく必要がある。

7.2.1　直接光照明の特徴

図7.1のボンネットの一部を取り出して，直接光照明を適用した場合と散乱光照明を適用した場合に得られる濃淡画像を，図7.2の(a),(b)に示す[1]。

(a)の直接光照明では，均一な大型面発光照明を用いて，ボンネットの表面で反射した直接光を捉える必要がある。直接光照明では反射する面の傾きによって，観察光軸方向に光が捉えられる割合が変化し，その光束密度の高低によって撮像画像の濃淡が変化する。したがって，(a)のように大きな角度変化のある型押し部分が暗く見えることになる。

また，直接光照明では反射や透過方向の変化の他，反射率の差がそのまま濃淡に反映されることから，光沢ムラなどの反射率が変化するような部分からも大きな濃淡差を得ることが期待できる。

直接光照明では，大きなヘコミやワーク面の傾きは，或る方向に対する反射率の差として発現することから，非常に大きな濃淡差を得ることができるわけである。しかし，表面が曲面である場合にはその特徴が逆に働き，その曲率にもよるが，直接光照明を利用することが難しくなるので，注意を要する。

ところで，直接光照明部分では，ボディーの本来の赤い色が抑制されているが，これは表面のみで照射した光が反射された結果である。

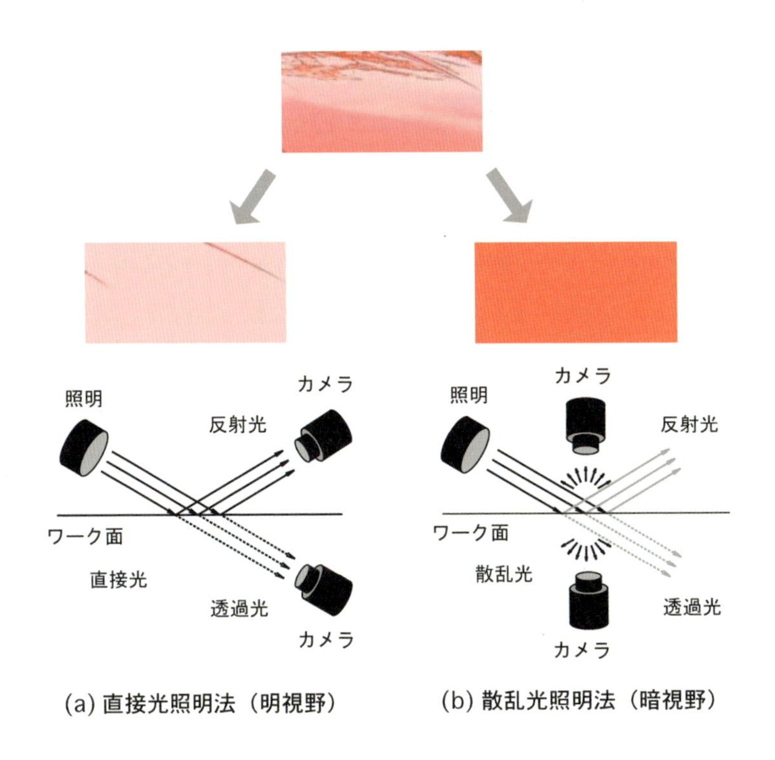

図 7.2　色と映り込みの分離

7.2.2　散乱光照明の特徴

図7.2(b)の散乱光照明では，直接光が観察光軸方向に返ってこない方向から光を照射する。塗装面で散乱された物体光はどの方向から見ても同じくらいの輝度に見えることから，被写体全面に同じ光束密度の光が照射されれば，表面の凹凸も消えてしまい，全体が均一に同じ輝度で見える。

図7.2では，ポルシェの本来のボディー色である赤色が強調されていることからも，散乱光を観察していることが分かるが，何より，ボンネットのプレス加工部分の筋が見えなくなっていることに注目されたい。

これは，どちらの方向から見ても同じ明るさに見える散乱光の最大の特徴であって，照度さえ同じなら，大きなヘコミや湾曲など，表面の散乱率に影響を与えないような特徴情報は，全て消し込むことが可能となる。

また，散乱光照明では散乱率の差がそのまま濃淡に反映されるため表面の色ムラや，散乱率が変化するスクラッチ等に対しては大きな濃淡差を得ることができる。例えば，表面にコスリ傷があって，表面の散乱率が増すと，その部分は光を散乱して明るく光り，照射光が白色ならその部分だけ白くなってしまう。しかし，ワックスなどのオイル分で表面のざらつきを滑らかにすると，また本来の赤い散乱光が見えるようになるわけである。

7.3　反射率と散乱率による濃淡

照明法として直接光照明法と散乱光照明法があるが，これを基礎照明法として使い分けるのには理由がある。ヒューマンビジョンにおける通常照明ではさほど意識されないが，実は，直接光と散乱光とでは明暗のコントラストが逆転しているのである。したがって，両照明法のどちらを使うのかを意識せずにライティング設計をおこなうと，直接光の濃淡と散乱光の濃淡が互いに打ち消し合って，得られる画像のS/Nが低くなってしまっていることがよくある。

両照明法の原理を理解し，様々に変化する対象ワークにうまく適合させるには，各ワークごとに個別にライティング設計をする必要がある。着目する特徴点に対して，現れる濃淡パターンの数をできる限り少なくして単純化すること，それがライティングの役割なのである。

7.3.1　明視野と暗視野の明暗

直接光と散乱光で明暗のコントラストが逆転する理由は，反射率と散乱率とが互いに裏腹の関係にあるからである。透過の場合は透過率と散乱率が相反関係になり，吸収がある場合はそれが双方共に同程度に効いて，反射／透過率と散乱率が共に低下することになる。

直接光照明では直接光を観察し，物体表面の反射率の差，または透過率の差で濃淡を得る。散乱光照明では散乱光を観察し，物体表面の散乱率の差で濃淡を得る。直接光照明を明視野と呼ぶのは，一般に照射光を直接観察したときと同程度の明るさが得られるからであり，逆に暗視野と呼ぶのは，散乱光が照射光の明るさに対して非常に暗いからである。しかし，ここで注意しなければならないことは，明るくても暗視野の場合もあるし，暗くても明視野の場合がありうるということである。

明視野・暗視野の定義は，あくまでも照明光源との関係で，直接光を見てい

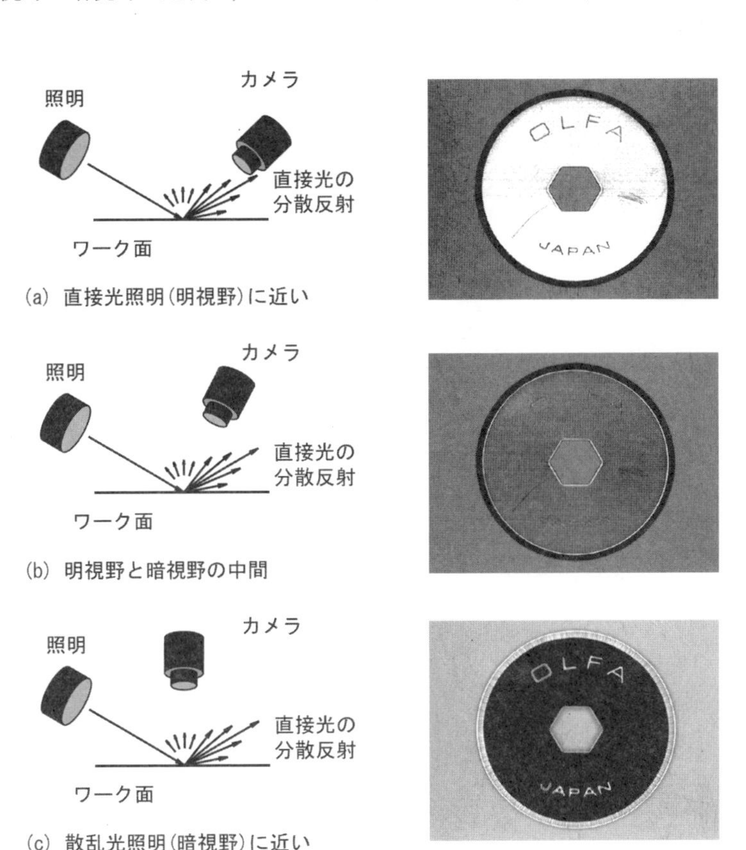

図 7.3　明視野と暗視野の明暗

るか散乱光を見ているかであり，もう少し正確にいうと，直接光の変化量に着目しているか，散乱光の変化量に着目しているか，という観察系のダイナミックレンジにも依存しているのである。

ここで，その濃淡に着目すると，両者でそのコントラストが見事に逆転していることに気付く。理由は，いたって単純明快である。コントラストが逆転する理由は，両照明法でその濃淡の指標になっている反射率と散乱率が，互いに相反するパラメータであることに起因する。

図7.3に，ローラーカッター刃の文字刻印面の撮像例を示す。図7.3の(a)は明視野に近い撮像例であり，主に直接光を見ていることから，反射率の高いカッター面が白く光り，反射率の低い刻印文字の部分が黒くなっている。

また，図7.3の(c)は暗視野に近い撮像例であり，主に散乱光を見ていることから，散乱率の高い刻印文字部分が白く光り，散乱率の低いカッター面の部分が黒くなっているのが分かる。

ところで，図7.3の(b)は，明視野とも暗視野ともいえず両者の中間で，直接光による濃淡と散乱光による濃淡が互いに打ち消し合って，刻印文字が判別できなくなっていることが分かる。

一般の生活照明では程度の差こそあれ，図7.3の(b)のような状態になっていることが多い。なぜなら，生活照明では，様々な方向から光が拡散光として照射されているからである。

7.3.2　直接光の分散反射

図7.3のローラーカッター刃の場合は，カッター面がざらざらの梨地になっている。顔が映りそうで映らないし，そうかといって金属光沢で反射率も高く正反射方向で反射光が一番明るくなる。これに似た反射として，図7.4に示すさざ波のある水面への太陽光反射がある[2]。

図7.4は，高度約5000mの上空から東京湾を望んだものであるが，太陽の直射光を受けて海面が一面に光輝いている。ライティングの見地からすると，こ

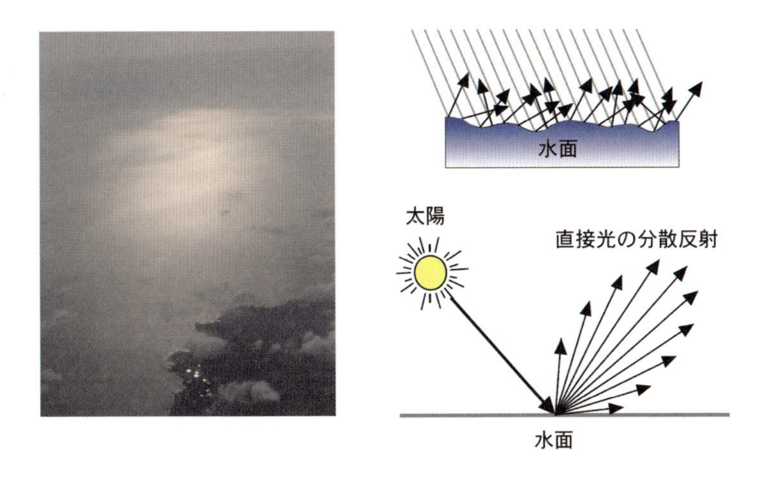

図7.4　水面での太陽光の反射

れは散乱光として扱いたいところである。しかし，一定の条件範囲においては散乱光として扱って差し支えないが，海面に浮かぶ船からこの反射光を見ると事情が異なってくる。船からは波面ごとに小さな太陽が映り込んでギラギラと輝いており，これは明らかに直接光であるといえる。

波の傾きは水平面を中心としてある確率で揺らいでおり，統計的に見ると直接光が正反射方向を中心にある確率で分散分布していることになる。ライティングのフィールドでは，これを直接光の分散反射，または分散直接光と呼んで，完全な散乱光と区別を付けている。散乱光と決定的に違うところは，散乱光では同時に全方位に光が再放射されるのに対して，或る点の或る瞬間では，特定の方向にしか光が反射されないことである。

ところで，図7.3において，明視野と暗視野で一部濃淡が逆転していないのは，この直接光の分散反射が起こっているからであり，完全に正反射方向から観察すると，見事に濃淡が逆転することを追記しておく。

7.4　照明法と照射光

明視野と暗視野の違いが最も鮮明に見えるものとして紙と鏡の撮像例があることは既に紹介した。

鏡のように平坦で反射率の高い面では，照射光の平行度が高いと直接光照明（明視野）となるための観察光軸が限られた角度範囲にしかない。すなわち，キラリと光れば非常に明るいが，角度が少しでもずれると真っ暗になってしまう。これをうまく利用して，両照明法で直接光と散乱光の分別観察をしている。だから一般的に光沢面を持つ立体曲面の撮像は難しいのである。

7.4.1　金属と紙の物体光

よく磨かれた金属表面も同様であって，照射光軸と観察光軸のわずかな角度の違いによって，その明暗が大きく変化する。このような光沢面では光はほとんど散乱せず，直接光が観察される。

一方，紙の方は，光さえ照射されていればその照射方向に関係なく，どちらから見ても白く見える。これは，紙の表面で照射光があらゆる方向に散乱されているからである。結局，物体表面から返される光の様態によって金属と紙は全く違って見えている。それでは，金属表面を紙のように撮像することはできるだろうか。

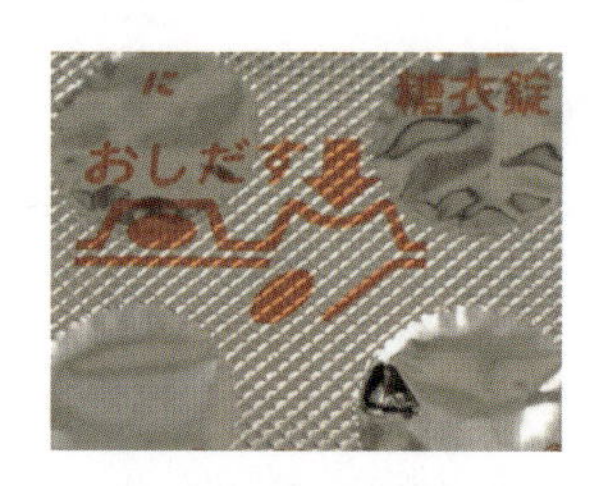

(a) 室内生活照明

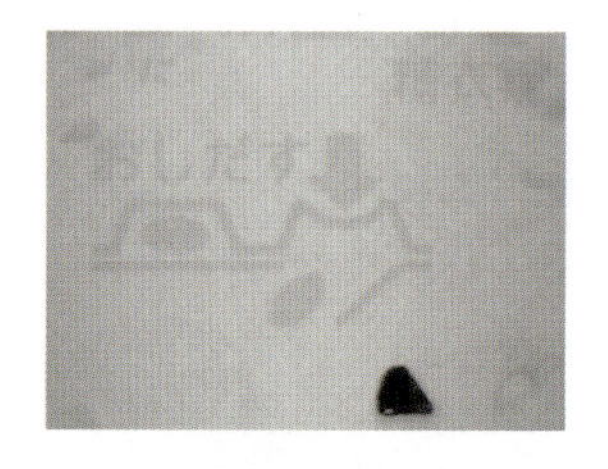

(b) 全方位拡散光照明

図 7.5　錠剤ブリスタパックアルミ面の撮像

金属表面は，たとえ梨地状であったとしても，照射光をそれぞれ或る方向に反射する。金属表面が紙の表面のように見える条件は，その表面からあらゆる方向にほぼ同じ強さの光が返されれば，紙と同じように見えるはずである。

ここでは，既に3.5.2節で紹介した，錠剤ブリスタパックのアルミ圧着面を例に説明する。

図7.5 (a)は，室内光照明で撮影した画像だが，大きな凹凸や細かな圧着ローレット等で，梨地ではないが直接光の分散反射が起きていると考えてよい。

このワーク面に対し，同軸光を含むあらゆる角度から拡散光を照射すると，金属表面のどの点からも同程度の直接光が反射されるため，まるで紙のような表面として撮像することが可能となる。

7.4.2 明視野の応用

よく磨かれた金属表面は直接光しか返さない。直接光とは照明から発せられた光束の相対関係が損なわれていない光である。よって，直接光を観察する直接光照明の場合は，観察光においても特に照射光の影響がストレートに出ることになる。つまり金属に紙を直接光として映し込めば，金属から返される直接光は紙から返される散乱光と同様に観察され，金属表面が紙のように見える。

図7.5は，錠剤のブリスタパックアルミ圧着面である。(a)は通常照明であるが，(b)はあらゆる方向から拡散光を照射することによって，凹凸のある金属面を紙と同等に撮像した例である。

既に紙と鏡の撮像例をライティング技術におけるコロンブスの卵として紹介したが，この，金属を紙のように撮像する例を，私はライティング技術における第２のコロンブスの卵と呼んでいる。

ところで，これで何が見えるのだろうか。図7.5の例では，ピンホールが黒く撮像されているが，要は，金属表面の微少な傾きのうち，ある一定の角度以上の傾きが有ればその部分は黒く撮像されることになる。その代わりに，或る角度以内の傾きを持つ部分は全て見えなくなってしまうので，印刷チェックなどの分光反射率の差や，明らかに反射率の違う異物などの特徴情報抽出するのには使用することができるが，逆に細かな傷や打痕などは消え込んでしまうので注意が必要である。

参考文献

1）増村茂樹，“LED照明とライティング技術”，映像情報インダストリアル，pp.70-81, 産業開発機構, Jul.2003.

2）増村茂樹，“ライティング方式と撮像例”，画像ラボ, pp.71-75, 日本工業出版, Aug.2004.

8. ライティングによるS/Nの制御

照明法として直接光照明法と散乱光照明法の基本原理を理解し，あとは一定の光学知識があれば，一応のライティングの方向性を得ることができる。しかし，ここでライティングシステムの設計が終わるわけではなく，本当はここからがライティング技術の本領を発揮せねばならないところとなる。

ライティング技術の本質は，光と物体との相互作用を利用して物体の様々な外面的特徴を選択的に捕捉する技術にある。したがって，照射光の様々な属性を如何に個々のワークにうまく適合させるか，というポイントを抜きにしてライティングを考えることはできないし，それには，対象とするワークそれぞれに対して個別にライティングの最適化設計をすることがどうしても要求されるわけである。

8.1 S/Nの制御の考え方

ごく一般の人は，「ライティングとは『明るくすること』であり，明かりを持ってきて照らせば明るくなるのだからそれでよい。それから先は，少々高尚な画像処理アルゴリズムにコストをかければ，それでことが済む」と思ってしまう。人間の目では，それで見えているし，それで認識できるのだから，機械にもできないことはなかろう，と考えてしまう。しかし，それが妄想であることは，機械が心を持ち得ないという単純な事実によって説明がつく[1),2)]。

8.1.1 ライティング設計の考え方

一般に物体認識とは知性や感性を総動員しての総合判断であり，新たなる価値創造を含む推量的判断である。したがってこれを心のない機械にさせるためには，一定の条件下で現れる画像パターンのすべてに対して，その判断基準をあらかじめ定義しておく必要がある。このとき，現れるパターンの数を最小化し，判断のためのS/Nを確保するための手段がライティングなのである。

ライティングを論じるにあたってよく聞かれる言葉に，「光の当て方」や「均一な照明」という言葉がある。実際に我々もよく使うのだが，考えてみればこの言葉ほどライティング技術の本質から遠い言葉もない。ライティングの本質は光と物体との相互作用にあり，これをうまく捉えることが最重要となる。

「光の当て方」というと，その結果だけを見て幾つかの照射パターンが表にされていればそれでいいと思ってしまうが，実はそうではない。

ライティング設計とは，図8.1に示すように，光と物体との相互作用に基づき，照明と物体と観察光学系の三者の光学的相対関係を最適化する作業である。照明法の基本である照射光軸と観察光軸の相対関係はもちろん，照射光を構成する光束自身の相対関係をはじめ，照射光の波長やそのスペクトル分布，偏波面の制御などは，撮像する画像のS/Nに対して大きな影響を及ぼす。また，観察光学系の結像特性や撮像系の感度特性も，S/Nを左右する重要な要素であることはことは云うまでもない。

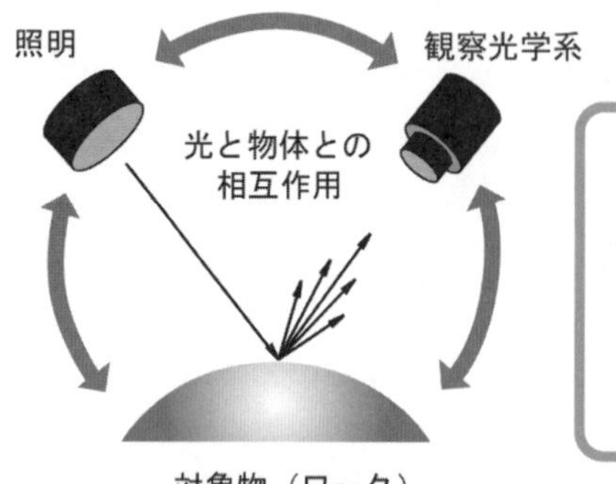

図 8.1　ライティング設計の本質

8.1.2 均一な照明とは何か

ライティングによるS/Nの最適化において，均一度は外すことができない重要な要素である。一般に，ある一定のしきい値を設定して二値化する単純な画像処理の場合には，撮像画像の全領域に亘って同じ階調で濃淡が分布していなければうまくいかないことから，「均一な照明」ということがよくいわれる。

しかしこれも，「均一な照明」そのものが必要なわけではなくて，光と物質との相互作用がその強度に応じて同程度の階調で観察できることこそが重要なのである。すなわち，照明そのものが均一に発光していても仕方がないのはもちろん，たとえ被写体を均一にライティングできたとしても，今度は物体から返ってくる物体光で相互作用そのものを均一に捉えられなくてはどうしようもないわけである。

明視野照明では，物体から返される各点の明るさが照明の輝度に比例することから，観察光学系の物体側NAと同等以上の照射立体角を，必要とする全視野についてカバーする必要がある。

また，暗視野照明では，物体から返される各点の明るさがその各点での照度に比例することから，照明の照射角度や平行度を最適化することで，物体面の視野範囲で照度を均一に保つ必要がある。

結局，「光の当て方」や「均一な照明」という言葉は日常的なヒューマンビジョンの観点に立脚した言葉であり，マシンビジョンのフィールドでは，様々に誤解を招くことから相応しくないと考える。

また，このほかに観察光学系では，周知のコサイン４乗則によって，像面の周辺部ほど光軸中心からの傾き角のコサイン４乗で暗くなることが避けられず，これを補正する光センサなども考えられているが，一般に視野内の中心部ほど明るく撮像されることから，ライティングではこれを補正するように周辺部を明るくすることも多い。しかし，これについては物体側NAが変わると，とたんに均一度が崩れてしまうため，均一度に関しても絞りやカメラのワークディスタンスは無視できない要素となっている。

8.2　S/Nの考え方とマージン

一般的なマシンビジョンシステムでは，CMOSやCCD等のイメージセンサを通して二次元，若しくは1次元のディジタル画像を得，主に積和演算を多用する画像処理によって，そのディジタルデータから所望の濃淡パターンを抽出する。こうして得られた濃淡パターンは一定の基準値と比較され，様々な判断が下される。しかし，この元になる原画像の濃淡パターンは，実際上，ライティングによってほぼ決定されてしまうため，ライティングによるS/N制御が，結果的に全体の性能を律速してしまうことになるわけである。

8.2.1　濃淡の階調

画像処理ではその濃淡のパターンこそが主要な解析対象であり，明暗の対比をコントラスト（contrast），その現れる様子を階調（tone）という。ディジタルデータへの量子化は，通常のFA用途向け画像処理では，現在のところ8bitで256階調の濃淡分解能を持つものが一般的である。

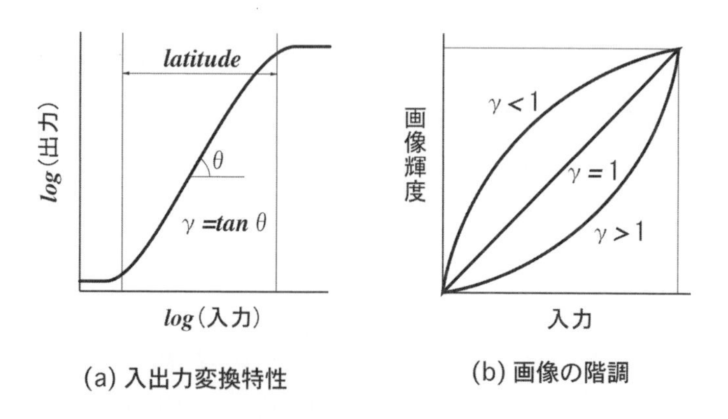

図 8.2　入出力変換特性と画像の階調

イメージセンサの入出力特性は，図8.2の(a)に示すように，一般に最初の立ち上がりが悪く最後は飽和してしまう様な特性を示し，入出力の両対数グラフでの傾き(γ)がほぼ一定になる範囲をラチチュードと呼んで通常はこの範囲を使用する[3)]。

図8.2の(b)に示すように，$\gamma = 1$のときは，入出力が比例関係にあってリニアな階調を示すが，$\gamma < 1$のときは上に凸で暗い側の階調が強調され，$\gamma > 1$のときは下に凸で明るい側の階調が強調される。これは，S/Nに大きな影響を及ぼすので，最初に押さえておくべき項目であろう。

8.2.2　画像情報とS/N

図8.3に，8bitの濃淡画像を例にとって，そのヒストグラムを示した。今，一番明るい部分が着目する信号（Signal）が含まれる部分で，それ以外の暗い部分が雑音（Noise）だと仮定して，単純な二値化を行う場合を考える。

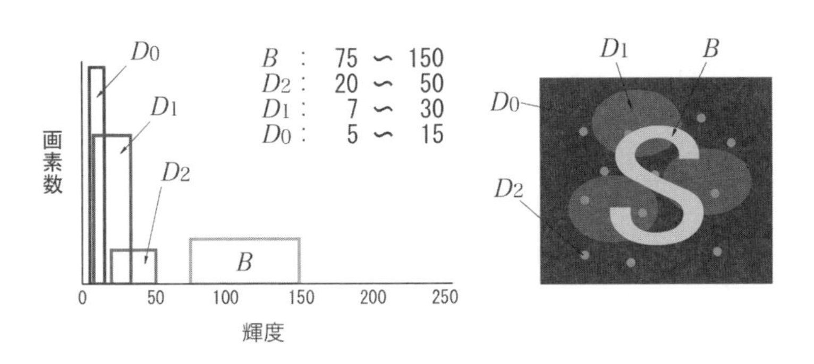

$$\text{S/N [dB]} = 20\,log\,\frac{min(B)}{max(D_0, D_1, D_2)} \quad \cdots\cdots (8.1)$$

$$\text{余裕 [\%]} = 100\,\frac{min(B) - max(D_0, D_1, D_2)}{min(B)} \quad \cdots\cdots (8.2)$$

図 8.3　画像情報と SN 比の考え方

着目する信号が含まれる側と含まれない側を分ける境界に対し，明るい側の輝度分布の最小値を暗い側の輝度分布の最大値で割ったものの対数，すなわち（8.1）式がS/Nとなり，しきい値設定の余裕（margin）は，（8.2）式のように，その境界の幅を境界の最大値で割ったものとなる。

このとき，$\gamma=1$なら照明の明るさにかかわらず，S/Nとしきい値余裕の値は変わらない。なぜなら，信号値が大きくなる分，ノイズも同じ比率で大きくなるからである。ただし，暗くなると階調のダイナミックレンジが取れなくなり，量子化誤差が大きくなることに注意を要する。

ここで，照明の明るさと漠然と表現したが，実際には明視野の場合と暗視野の場合とでは，信号部と雑音部が同じ比率で変わらない場合も多い。それは，それぞれの部分から返されている光が，直接光か散乱光かによって照明の輝度で変化するか物体面の照度で変化するかが変わるからである。

ヒューマンビジョンでは全てを照度で片づけてしまうので，マシンビジョンに携わっている専門家でも，このことはあまり知られていないようである。

8.3　画像情報におけるS/N

ヒューマンビジョン，すなわち人間の視覚で物体を認識するのに，照明の明るさや色味が関係していることは感覚的に理解できる。これは目の感度のダイナミックレンジと深く関わっており，対象とする濃淡の階調が識別できるかどうかが勝負となる。

人間の目は対象物からの輝度分布に動的に対応しながら，階調識別を最適化している[4]。これには何を見たいのかという意志が働いており，その部分を注視することにより部分的に感度のレンジが最適化されていると考えられる。

マシンビジョンにおいては，主にライティングシステムが特徴情報を選択的に抽出するという役割を担っており，対象とする画像のS/Nを決定づけている。

8.3.1 S/Nの決定要因

マシンビジョンにおけるライティングの役割が特徴情報の抽出にあるという意味は，取得した画像に少なくともその後の画像処理によってその情報を抽出するに足る濃淡情報が含まれていることと，なおかつその情報がその他の情報と区別できるに足る情報となっていることである。

画像全体のなかから所望の情報を抽出する際には，その情報の確かさ，つまりS/Nが問題となる。画像そのものの情報に対してS/Nを考える際には，何をS（Signal）とし，何をN（Noise）とするかによって，S/Nが変わってくる。

画像処理における元画像のS/Nは，画像処理の内容によって，単なる濃淡差なのか，またはその微分変化量なのか，その評価指数が変化することが考えられる。したがって，画像だけを見てその画像のS/Nはいくらであるということはできず，その画像のどのような情報に着目して，どのような画像処理を施して目的の信号情報を取り出すかによって，S/N値は変わってくるわけである。

しかし，画像処理によって抽出された特徴点の評価をするにあたり，結局その尺度の元になるのは濃淡差とその階調であることに変わりはない。

画像処理前の原画像のS/Nを考えるにあたっては，単純な濃度ヒストグラムに対して，対象点の濃度と，画像処理によってこれと対比する点の濃度の比をその指標としてあげることが多い。

なぜなら，画像から着目する特徴点を抽出するのに，一般的に様々な画像処理を経たとしても最終的には二値化等のセグメンテーションによって特徴点を抽出することになるからである。そして，そのときのしきい値の余裕が，最終的にS/Nを左右することになるわけである。

8.3.2 画像の濃淡の元なるもの

目で見た画像の濃淡差は，物体から返される光の輝度値に比例する。輝度（luminance）の単位は光度（luminous intensity）の面密度で表される。光度の単位はカンデラ[cd]であるから，その面密度で[cd/㎡]となる。また，光度は光束（luminous flux）の立体角（ステラジアン[sr]）中の密度だから，輝度のディメンションはルーメン[lm]を[sr・m²]で割ったものとなっている。

ルーメンは光束（luminous flux）の単位で，元々の放射束（radiant flux）の単位であるワット[W]，すなわち[J/s]に視感度（spectral luminous efficiency）を乗じたものとなっている。

つまり，物体から返される光の明暗は，光源の明るさの元になっているエネルギー放射の内，目で捉えられる方向に放射されたエネルギーを，目で明るさとして感じられる尺度に変換したものになっているということである。この様子を，図8.4に示す。

光のエネルギーは，或る面積範囲を単位時間内に通過するエネルギー量で表され，これを放射束（radiant flux)といい，光源の各点の或る方向への明るさは放射強度（radiant intensity）で表される。放射強度とは光束の単位の光度

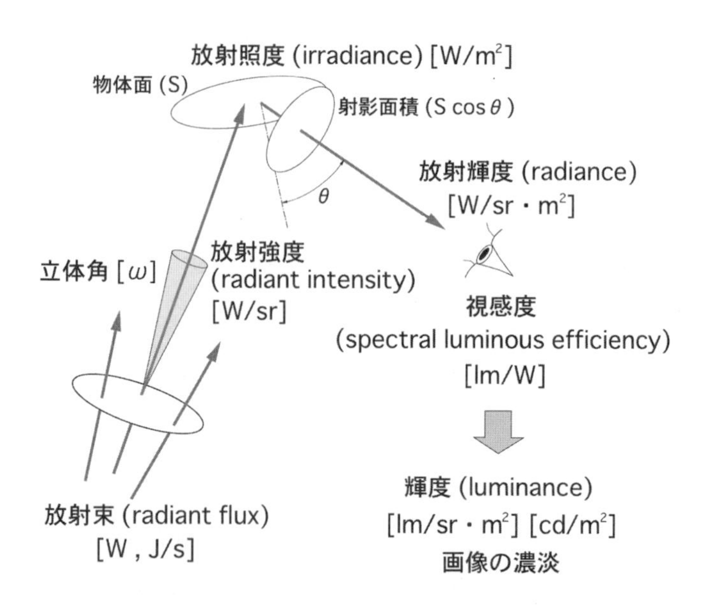

図 8.4　画像の濃淡と光エネルギー

と同じ単位で，ルーメンがワットになった単位[W/sr]で表される。

或る放射強度を持つ放射束が物体面に照射されると，物体面はそのエネルギーで或る明るさに光って見える。これを二次光源といって，我々は物体を見るのに，物体そのものの姿ではなく，実は二次光源となった物体を見ているのである。もっと正確にいうと，二次光源になった物体から発せられる光エネルギーの濃淡を見ているのである。

二次光源のエネルギーとして，単位面積当たりどれくらいの光エネルギーが供給されているかという尺度が放射照度（irradiance）である。単位は，単位面積，単位時間当たりのエネルギー量すなわち[W/m²]で，これを人間の目で見る明るさで表現したものが照度（illuminance）[lm/m²]という単位である。

我々は，日頃，漠然と明るさとか照度という尺度を用いているが，これらには方向のディメンションが入っていない。光度や輝度には方向の概念が入っており，或る方向への光度や輝度を表しているわけである。光度は点の明るさであり，輝度は面の明るさである。

ライティングの観点から考えると，画像の濃淡差は，二次光源の輝度差，すなわち物体からの放射輝度（radiance）によって決まっていることになる。

しかし，ここで，その放射輝度を人間の目で見た明るさで測るか，カメラの目で見た明るさで測るかで，その濃淡差は大きく変わってくるのである[注9]。そして，この画像の濃淡を形成する階調が，ディジタル処理をする際に，8ビットなら2^8に量子化，すなわち256段階の階調に割り当てられているわけである。

8.4 ダイナミックレンジと階調

明るさに対する人間の目の網膜のダイナミックレンジは非常に広く，80～100db程度（1万倍～10万倍）といわれている。しかし，明順応や暗順応があ

[注9] 本書では，特に可視光外の光であることを強調する以外では，可視光に対して一般的に使用されている，光束，光度，輝度，照度などといった用語と単位を使用するが，暗に可視光外の電磁波に対して使用される，放射束，放射強度，放射輝度，放射照度などといった範囲も含むこととし，放射束における単位は必要に応じて付記することとする。

るように，明るいところと暗いところとでは感度を切り替えながら見ているようで，一度にすべてのレンジの階調が識別できるわけではない。

8.4.1　ダイナミックレンジと感度特性

一般的にCCDやCMOSの明るさに対するダイナミックレンジは，8.2.1節で述べたラチチュードといわれる範囲を指し，明るさに対してその階調が判別できる最大値をその最小値で割った比を用いて，最大値と最小値の比の常用対数の20倍の値[dB]で表わされる。

CCDのダイナミックレンジは1/3"サイズで50dB程度（1：300），2/3"では70dB程度（1：4000）といわれているが，この範囲をリニアに量子化したとすると，例えば8ビットなら256階調なので48dB，10ビットにしても60dBどまりなので，CMOSなどではその対数出力を量子化して人間の視覚を超すダイナミックレンジを実現しているものもある。

明るさの階調が判別できると云うことは，それだけ微妙な輝度変化に対する

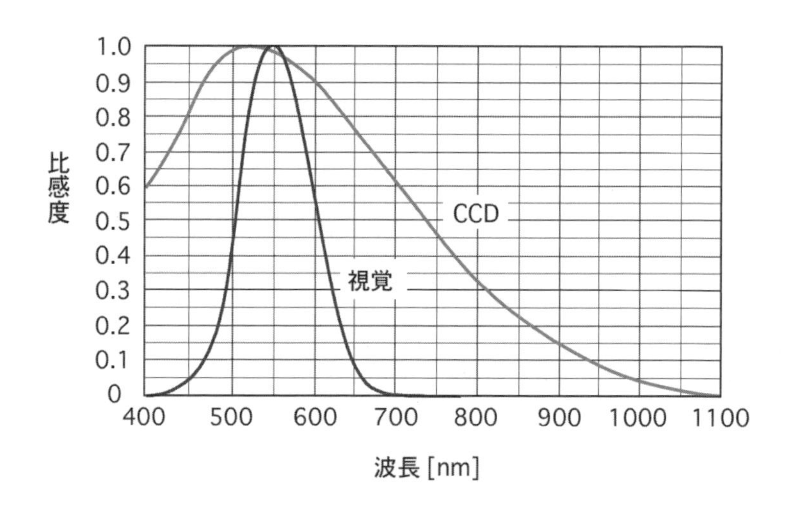

図 8.5　CCD と視覚の感度特性比較

物体認識の感度が上がったことになる。

また一方，光の波長に対する感度特性では，人間の視覚に較べてCCDやCMOSの方が遙かに優れており，一般的なCCDでも図8.5に示すように，紫外から近赤外域までの感度がある[5]。（400nm以下の感度特性がないのは，単にカメラメーカーから紫外領域の感度特性が提供されていないことによる。）

8.4.2 階調のマジック

センサの感度特性が視感度を超えているということは，人間の見えないものが見えるということを意味しており，それだけではなくて，波長のシフトによって明るさの階調が変わるということをも意味している。

このことは案外見落とされることが多く，既にこの時点で，視感度をベースにしている照度や輝度という，我々の慣れ親しんだ明るさの尺度が，マシンビジョンの領域では役に立たないことを意味している。

すなわち，CCDで見た濃淡画像と，人間の目で見た濃淡画像とは既にその階調が大きく異なっているのである。現状のカメラは，これを補正して，できるだけ人間の目で見える階調表現にしているが，マシンビジョン用途においてはそのことが返ってS/Nを落としていることもあり，むしろ工業用途向けのカメラは様々なセンサの特性をできるだけ活かした形で最適化することが大事であろう。

また照明においても，一般に，通常のカメラでは人間の目で見えるがごとく撮像することが要求されるが，FA用途においては，逆に着目する特徴点の濃淡差が大きく取れるように，特定の波長域の照明を選んで照射することのほうが一般的である。

これは，ヒューマンビジョンの観点からは考えにくいらしく，感覚的に白色光の照明にこだわってしまうようである。例えば，LEDの光出力を無駄なく利用するためには，白色光のように波長帯域を広げすぎずに，できるだけ波長帯域を単色光に絞りながら，効率的に濃淡の階調を大きく取れるように最適化するほうが得策であろう。なぜなら，白色光を照射したとしても，こんどはカラーカメラのようにセンサ側でその濃淡の階調を確保するために，同じように感度域をフィルタリングして撮像する必要があるからである。

8.5　光物性とライティング設計

ライティング技術の本質は「光の当て方」にあるのではなく，「光と物体との相互作用」にある。この相互作用による光の変化量をもって，我々は物体認識をしているのである。といっても日常的に視覚認識をしている意識からはどうしても感覚的に脱却することは難しく，「光の当て方」で見え方が変わると思うのはごく自然であろう。しかし「光の当て方」で見え方が変化するのは，照射光軸と観察光軸の相対関係が変化し，「光の見方」が変わっていることのほうが多い。

本当に考えなければいけないことは，光と物体との相互作用による様々な変化を，ライティングシステムとしてどのようにして検出するかということである。それによって見えないものを検出したり，場合によっては見えては困るものを消し込むこともできる。

8.5.1　ライティング設計の本質

ライティング技術の本質が「光の当て方」にあるなら，何種類かの照射方式を列挙してワークの種類によって分類すればそれでライティングはおしまいということになる。画像処理関連の教科書に出てくるライティングの話は，大抵これでけりがついている。

しかし，実際に撮像してみると，ワークの材質や表面状態がほんの少し違っただけで，撮像画像は大きく変化し，ライティングの方式そのものを見直さざるをえないことも多い。様々なワークに対してそれぞれに最適化したライティングシステムの構成を示すことは簡単だが，実際上，似たようなワークに対してそのシステムが使えるかというとそういうわけではないのである。

マシンビジョンにおけるライティングとは，光と物体との相互作用に着目し，その相互作用による光の濃淡変化をどのように抽出し，安定に最大化するかという技術である。一般的には「光の当て方」がノウハウ的なテクニックとしてとらえられていることが多いが，その照射方法が光と物体との相互作用のどのような変化をどのように抽出しようとしているのかを知らなければ，その最適化を図ることは難しい。

光物性の扱う分野は，「光波，すなわち極端紫外-可視-遠赤外域の電磁波，と物質との相互作用の研究，及びそれを手段とする物性の研究を行う物性科学の一分野」[6]と定義されている。

この世に存在するありとあらゆる物体はその存在に起因する電場と磁場のポテンシャルを持っており，これが電磁波である光と相互干渉することによって我々は物体を認識することができるわけである。視覚認識の手段は，この相互干渉によって生じた光の濃淡変化によってもたらされる空間的・時間的な濃淡差にほかならない。

当然，光が照射されなければ光の濃淡も存在せず，我々は何も見ることができない。また，光が照射されてもその濃淡変化を検出することができなければ，やはり何も認識することができない。

8.5.2「光物性」との関わり

「光物性」という言葉を「光と物体との相互作用」と大きくとらえるなら，ライティングシステムの設計は，光物性を利用して対象物の様々な特徴を抽出する技術といえる。

我々がごく日常的に接している視覚による物体認識を，例えばマシンビジョン用途における画像処理に適した形に定量化して扱おうとすると，その画像を得るためのライティングシステムに非常に大きなウェイトがかかってくるのは必然であろう。まさに，見えないものに対しては，画像処理のしようがないのである。

かくして，マシンビジョン用途のライティングを考えるうえでは，光物性という光や物質の物性論的本質を科学する学問分野をどうしても覗かざるをえないことになるわけである。目で見るというプリミティブな行為は，物質の本質と深く関わっている光というエネルギー量子を介することで，案外，物質の本質に近いものを見ているのかもしれない。

8.6　ライティング設計とS/N制御

ライティングシステムの設計とその最適化は，対象物の着目する特徴点が，どのような光物性を持っているかというところに焦点を当てて進めることが必要で，これなくしてはただやみくもに数百種類もある照明を取っ替え引っ替えすることになってしまう。

8.6.1　ライティング設計の実際

平坦なガラス表面のごく薄い皮脂の汚れを撮像する場合について考える。

このとき考えるのは，まず着目する特徴点が光物性の観点から，その周囲に較べてどのような差を持っているかということである。例えば，光が最も変化を受けやすい物体界面である表面の状態はどのようになっているか。反射率はどうか，散乱率はどうか，屈折率はどうか。光学活性には差異が認められるか，または同じ散乱でも蛍光散乱はどうか，励起波長はどのくらいか。そしてそれぞれの相互作用における分光特性はどうであろうか。

様々な相互作用の差異が考えられるが，このうちどの変化量をどのように抽出して光の濃淡変化に変換するかは，その変化がどのような現象に基づくものであるかが判らないと，ライティングシステムの設計はおろかその最適化などできるはずがない。

もしライティングの本質が「光の当て方」にあるなら，せいぜい，何種類かのライティングを試行錯誤的に試してみて，適当にこのあたりで手を打つか，ということになる。それでも撮像できればいいが，うまく当たらなければそれ

(a) 暗視野照明

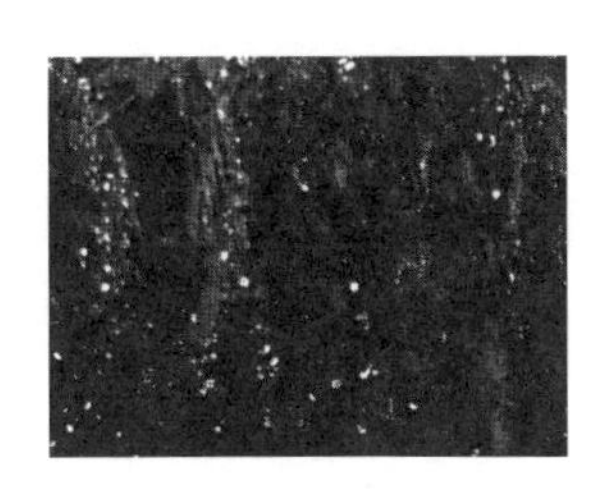

(b) 同一暗視野照明の最適化例

図 8.6　ガラス表面の皮脂汚れの撮像

までである。撮像できないにしても，なぜ撮像できないのか必ず理由があるはずで，その理由さえ分かれば，実現性は別として，ではどのようにすれば撮像できるのか予想がつくはずである。

図8.6では，散乱率の差をとらえる暗視野照明としては何も変えておらず，観察光軸とワーク表面と照射光軸の三者の相対関係を全く変えずに，光学系の開口数（NA：Numerical Aperture）だけを上げた例である。

図8.6(a)の光学系は，テレセントリック光学系を使用しており，(b)と同一照射条件で，照明を明るくしてもガラスの地肌部分も同じように明るくなって，皮脂汚れのみを明るくすることはできないが，(b)のマクロレンズでは皮脂部分だけのS/Nを上げて撮像することが可能となる例である。

8.6.2　S/N制御のための設計要件

それでは，ライティングシステムの最適化に当たって，どのような設計要件があるのか。すなわち，照射光と物質との相互作用をどのようにして抽出するかということになろう。

まず第一に考えるのが，対象となる物体において着目する特徴点がどのようなもので，その特徴点をどのように撮像するのかを決めなければならない。そのためには，それを適用するマシンビジョンシステムのアプリケーションの内容を押さえておく必要がある[7]。

そのうえで，ワークの表面形状や反射率・散乱率の変化度合いから，直接光照明法（明視野）を使うのか，散乱光照明法（暗視野）を使うのか，方針を決める。このとき，照射角度や照射範囲，均一度等に配慮しながら，観察光学系のパラメーターも考慮していくことが必要である。センサの感度特性や解像度，結像光学系に関わる開口数（NA）やテレセントリシティー，被写界深度などの光学パラメータがこれにあたる。

ライティングそのものでS/Nに関わってくるパラメータとしては，照射範囲や照射角度，均一度はもちろん，照射光の平行度，照射波長とそのスペクトル分布，偏波面の制御などが挙げられる。

既に5.2.2節で説明したが，画像のS/N制御を考える際にも，問題にしている濃淡差がどのような物理現象に拠るものなのかを明確にした上で，その濃淡に関わるパラメータを最適化する必要があるのはいうまでもない。最適化パラメータの詳細については，9章を参考にされたい。

8.7 色とS/N制御

視覚による物体認識は「光と物体との相互作用」に依存しており，その主たる手段は光の明暗，すなわち画像でいうと濃淡差ということになる。光子のエネルギーはその周波数（ν）にプランク定数（h）をかけた$h \cdot \nu$であり，周波数すなわち波長の違いで，物体との相互作用の最小単位である光子そのもののエネルギーが変化することになる。だから照射する光の明るさではなく，照射波長が異なって初めて，物体との相互作用においても相対的な変化が現れる。これが人間の目と脳が検出・認識している物体の色のもとであり，マシンビジョンライティングにおいて追い求められる光の濃淡のもとの一つでもある。

8.7.1　ヒューマンビジョンにおける色

ライティング技術の本質が「光と物体との相互作用」にある以上，撮像画像のS/Nを考える上で，まずは物体の色の本質を考えないわけにはいかない。しかしここでは，かつてアイザック・ニュートンが「光に，色はない」といったように，「色」と「光の波長」とは同じ概念ではないということに留意する必要がある[8]。

「色」は人間の頭と心で作られるものであり，本当は物体に色が付いているわけではない。ましてや光に色が付いているわけでもない。このことは，ヒューマンビジョンからマシンビジョンの世界へと踏み込むときに，誰もが超えなければならないハードルのひとつでもある。

人間は，その目の網膜に３種類の光センサを持っている。そのセンサは，可視光の帯域を三分して，波長の長い側の光を感じるＬ細胞と，中間あたりの波長の光を感じるM細胞，そして波長の短い側の光を感じるS細胞であって，波長のLong（長），Medium（中），Short（短）の頭文字をとった慣用名で呼

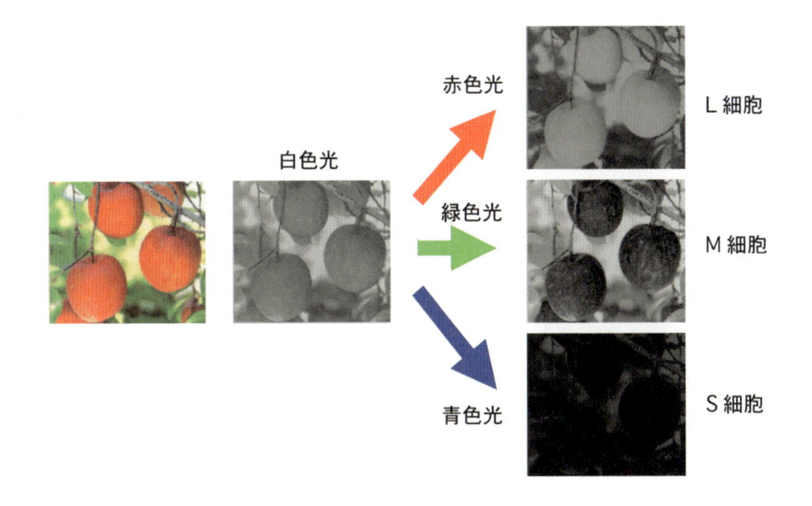

図 8.7　照射光によるリンゴの濃淡変化

ばれている。

この３種類の細胞は，それぞれに感度のある波長帯域の光の明暗しか感じることができず，それぞれの波長帯域で白黒の濃淡画像が見えているにすぎないわけである。したがって，物理的に考えて色はどこにも存在せず，事実，「色」という物理量はこの世に存在しない。この様子を，図8.7に示す。

長さや大きさ，質量や時間，電気量や力などはすべて物理量として計ることができるが，「色」は人間が頭と心で作る感覚的心理量であり，これを直接計測することは難しいということになる。

8.7.2　色の本当の意味

「色心不二」だとか「色即是空」など，仏教的には「色」を物質として象徴的に捉えてそれが心の世界の投影であることが説明されているが，「色」そのものが物質界において実体のないものであることを知ると，余計に不思議な気分になるのは私だけではあるまい。

結局，我々が三次元世界で感じる「色」の本質とは，図8.7に示したように，３種類の白黒濃淡情報を，「色」という印象的な情報に変換翻訳して心で感じているものといえる。したがって，「光の三原色RGB（Red, Green, Blue）」や「色の三原色CMY（Cyan, Magenta, Yellow）」といった混色の法則は，人間にだけ通用する法則であり，物理法則でもなければ自然法則でもないわけである。

ごく日常的な事柄なので，我々は簡単に「色」を扱えるような気になってしまうが，実際に「色」を定量的に扱うのは専門家がやっても難しい領域なのである。

しかし，色の本当の意味は意外なところにある。「光と物体との相互作用」は，光の波長に依存して変化し，その変化は局所的に微妙に変化することが多い。したがって，その局所的な微妙な変化を大きく取り出すには，光の感度範囲をその変化領域に合わせて，絞り込んで見てやる必要が有るわけである。しかも，ある特定の帯域だけに絞り込むと，その帯域から外れた変化を無視することができ，それがノイズ成分ならばその分S/Nが向上することにもなる。

8.8 マシンビジョンにおける色

物体との相互作用において，光の濃淡差を如何にして検出するかを考えたとき，ヒューマンビジョンにおける「色」の元であるL・M・S細胞の働きに学ぶことが多い。すなわち，L・M・S細胞を通してものを見ると，濃淡差が強調されるのである[4)]。

8.8.1 色と濃淡差

人間は，それぞれ感度帯域の違う3種類のセンサで，可視光帯域における光のスペクトル分布についての大まかなプロファイルを把握しているといえる。すなわちこれは，波長の違いによる光と物体との相互作用の変化量を，大まかに検知しているということになる。

人間の目が持つ3種類のセンサの感度域がどのような場合でも必ずしも最適なわけではないが，少なくとも物体から返される光のスペクトル分布の変化を捕捉しやすくなっていることは事実である。

ここで，図8.7をもう一度眺めて頂きたい。実はこの画像は照射光のスペクトル分布を変えて単一のCCDセンサで撮像した画像だが，白色光を照射した場合に較べて，赤・緑・青色光ではリンゴと背景との濃淡差が明らかに変化していることが判る。すなわち，赤・緑・青色光を照射した画像では，その濃淡差が大きくなるか小さくなるかで，白色を照射したときよりその濃淡差の変化が極端に発現していることが分かる。照射する光のスペクトル分布をもっと狭めていけば，もっと微妙な分光特性の変化を見ることもできるわけである。

8.8.2 照射光と濃淡差

図8.7の赤・緑・青の光で照射したときの画像は，人間の目のL・M・S細胞

が見ている白黒の濃淡画像とほぼ等価であるといってよい。すなわち，照射光側でスペクトル分布を変化させてもセンサ側で絞り込んでも，その濃淡の相対関係は結果的には同じことになる。

赤色光を照射した画像はL細胞が見ている濃淡画像と等価であり，言い換えれば物体から返される光の内，赤色光成分だけの変化量を見ていることになる。赤いリンゴは赤色光を反射するのでリンゴは真っ白になっており，葉や枝は赤色光を吸収気味であまり反射しないので暗く撮像されている。例えばリンゴと葉の濃淡差に着目してみると，白色光で撮像した画像に比較して，その濃淡は逆転しているが明らかにコントラストは大きくなっていることが判る。

緑色光を照射した画像では，白色光を照射した画像とほぼ同じ濃淡で，やはりリンゴと葉のコントラストは大きく強調されていることが判る。

また，青色光を照射した画像は全体に黒く，今度は極端にコントラストが小さくなっていることが判る。このリンゴの画像においては，青色光の範囲のスペクトル分布には大きな変化がなく，青色光は全体として吸収されてしまい，あまり反射していないことになる。

例えば，このリンゴを識別するにあたって，青色光成分の情報がノイズとして働いているとすると，この部分の変化量を検出しなければよいわけで，これには青色光成分の光を照射しなければ，無駄なく簡単にカットできることになる。

これが，マシンビジョンにおけるライティングの設計にあたってそのS/Nを上げるため，照射光にLEDのように幾つかの単色光を選んで最適化する理由である。

8.9　物体による光の変化と認識

物体に光を照射すると，その物質そのものと光との相互作用のほかに，物体界面における光の変化を無視することはできない。この界面における光の変化には，反射光のスペクトル分布やP偏光・S偏光の強度分布[9]などのほか，いわゆる反射・透過・屈折・散乱のように光の伝搬方向に関する変化があり，観察光の明暗に及ぼす影響は非常に大きいものとなる。特に，この変化が視覚における光の濃淡情報として取り出されることを考えると，照射光の平行度が，その観察光に現れる濃淡のS/Nに大きく影響してくることになる。

8.9.1 物体認識と境界面

物体界面は，物体が存在することによる電場と磁場の状態が大きく異なる境界面であり，光の伝搬の様態が大きく変化する不連続面であるといえる。なぜなら，光は，電界と磁界の振動によって伝搬する電磁波だからである。

物体界面での光の変化は，物体そのものと光との相互作用におけるスペクトル分布の変化，すなわち物体色によって生じる濃淡差より支配的なことが多く，ヒューマンビジョンではこの物体界面での変化を総合的にとらえて，立体感や凹凸，表面の風合いなどを認識しているといえる。

我々が物体を認識できるのは，実は，物体に境界面が有るからである。なぜなら，もしこの境界面がなければ光の変化をとらえることが難しくなり，物とエネルギーとの間に起こる様々な現象を知覚することができなくなるからである。

したがって，我々は物体認識にあたって主に物体の表面しか見ることができず，その内部を連続的に見ることができないのである。

形は分かってもその材料までは見えないということで，つい，飲食店の陳列用蝋細工の食べ物が，まるで本物のように見えてだまされてしまう。また，表面の一部分が光を反射して光っているように巧妙に描かれた紙の上の平面画が，まるで浮き出ている本物の立体物のように見えてしまうこともある。

これは，如何に我々が物体の表面の光の変化だけで物体認識をせざるを得ないか，という証拠である。

8.9.2　境界面での光の変化と濃淡

境界面での光の変化を論ずるにあたってスネルの法則[9]はあまりにも有名であるが，ここではあえて直感的な理解を優先させることとする。

物体界面での光の変化が，その表面状態に大きく依存することは容易に想像できる。光沢面であれば光は鏡のように正確に反射または透過されるし，梨地面であれば光の照射された面自体が新たな発光面となって散乱光を発して明るく光る。

物体から返される光を，ライティングのフィールドでは直接光と散乱光に分類して考えるが，その濃淡はそれぞれ反射率・散乱率に依存して変化する。また，物体から返される光をどの方向からどのように観察するかで，観察光の濃淡が大きく変化する。そして更に，照射面の傾きや凹凸によって，直接光ではその反射方向が大きく濃淡に影響するし，散乱光では照射の向きによって散乱率が異なってくることが多い。

寺田寅彦は，その随筆の中で，透明人間がこの世に存在しないことを証明している。もし，透明人間がいるなら，体のあらゆる部分で光と相互作用を起こさず，エネルギーのやり取りもないはずなので，その透明人間は目が見えず全盲のはずだと。

確かに，この世に姿を現した物質としては，透明物質は無いといえる。しかし，光もこの世の物質ではない不思議な存在で，質量が無いのにエネルギーだけを持っているエネルギー量子である。これから考えると，物質化していない，念いだけのエネルギーがこの大宇宙に遍満していても不思議ではないだろう。

8.10　照射光の平行度とS/N

物体に光を照射するときに，その照射方向を特定の方向だけに限るとどのようになるだろうか。また逆に，あらゆる方向から光を照射すると物体はどのような姿を現すだろうか。

非常にマクロなとらえ方ではあるが，この課題は写真技術が伝わった頃から撮影技術者の主たる関心事として探求してこられた課題でもあった。町の写真館に行くと，立派なところほど大がかりな照明装置で一杯である。カメラは，小さいのに，照明だけは，そのシャッタータイミングと同期を取って，様々なコンビネーションで点灯するようになっている。

かと思えば，カメラに付属でストロボがついて，暗いところでも自由に撮影できるカメラも出回っている。しかし，やっぱり，きちんと写真を撮ろうとすると，それでは駄目で，プロの手を借りることになる。なんだか，マシンビジョンの世界に似ていると思うのは，私だけだろうか。

8.10.1 光の照射方向による濃淡変化

物体界面での光の変化ではその伝搬方向に関する変化が主であることから，この変化を最も大きく取り出すには，光の照射方向を一方向に絞って最適化すればいいということになる。

一方，あらゆる方向から光を照射すると，物体界面における光の伝搬方向の変化が打ち消されて，その変化による濃淡が均一化されることになる。

この様子を端的に示している撮像例として，錠剤ブリスタパックのアルミ圧着面を平行度の異なる光で照射した例を図8.8に示す。

図8.8で，(a)は面発光の照明を観察光と同軸方向，すなわちアルミ面の上方からだけ光を照射した撮像例で，(b)はドーム状に周囲から光を照射したもの，(c)はアルミ面上方のあらゆる方向から光を照射したもの，(d)は印刷文字の分光反射率の高い領域の単色光を(c)と同じ照射形態で照射したものである。

このサンプルワークは，金属光沢で更にギザギザで凸凹の表面を持ち，光の照射方向による変化が出やすい特徴を持っている。

図8.8の撮像例では，(a)が一方向からのみ光を照射したもので最も照射光の平行度が高く，(b)は周囲から，(c)は全方位から照射ということで，その順に照射光の平行度が下がってくる。光源そのものは面発光で拡散光，すなわち発

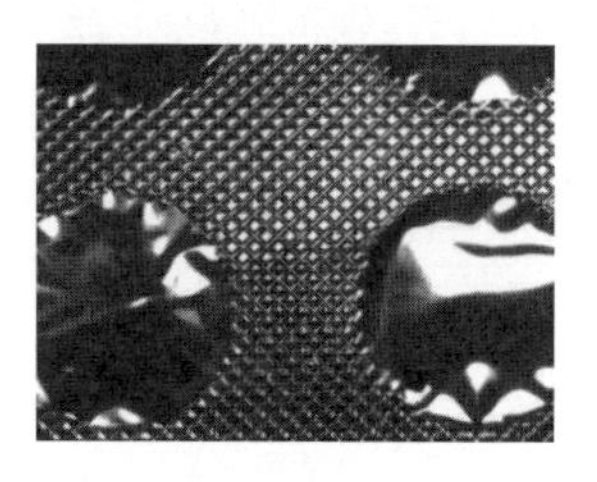

(a) 面発光型同軸照明

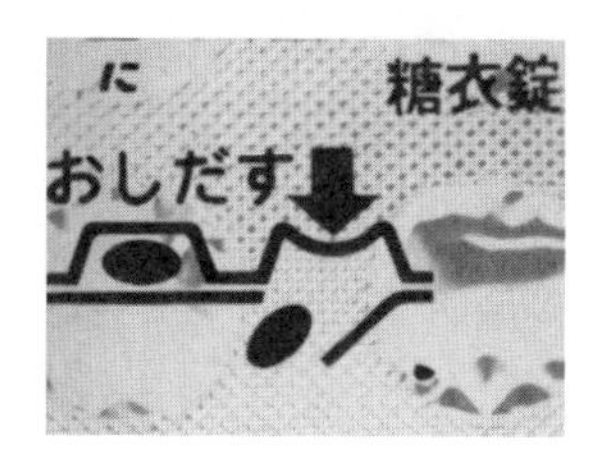

(b) ドーム型拡散光照明

(c) 全方位型拡散光照明（白色光）

(d) 全方位型拡散光照明（単色光）

図 8.8　錠剤ブリスタパックアルミ面の撮像例

光面の外側に向けてあらゆる方向に光が照射されているので，(c)と(d)ではワーク上方すべての発光面から光が照射されることになり，このようなギラギラしたワーク表面でもまるで一枚の紙のように均一に見える。

8.10.2　照射光の平行度が濃淡差を決める

白い紙がなぜ均一に見えるか。それは，紙の表面では光が散乱され，光が照射された面上の各点からあらゆる方向に光が放たれているからである。図8.8の(c),(d)では，結果的にこれと同じことが起こっており，散乱光ではなく直接光で散乱光と同等の観察光を得る方法として，既に私はこれを本書の7.4.2節でライティングフィールドにおける「第二のコロンブスの卵」として紹介した。

図8.8の(a)では，照射光の平行度が高いために物体界面での光の反射方向によって濃淡が大きく出現し，アルミ面上に印刷してある文字の濃淡などはほとんど消えてしまっている。

図8.8の(b)では，照射される光の平行度が下がって，アルミ表面での反射光が互いに打ち消し合ってギラギラした濃淡差が緩和され，相対的に印刷インクの分光反射率の差が強調されて印刷柄が見え始めている。(c)では，更に照射光の平行度が下がり，むしろ逆に全方位から拡散光で照射されることによって表面での光の伝搬方向の変化をほぼ完全にキャンセルして印刷文字のコントラストが大きくなっていることが分かる。

更に図8.8の(d)では，(c)の照射法に加えて照射光の波長帯域を絞り，文字部分でも大きな分光反射率を持つ単色の光を照射することによって，印刷文字の濃淡差も低くして，アルミ面に空いた小さな穴，ピンホールだけの濃淡差を得ることに成功している。

すなわちこれは，照射光の平行度と波長のスペクトル分布を最適化することにより，物体界面での光の変化と物質そのものの分光特性を目的によって制御し，撮像画像のS/Nを最適化できることを示している。

参考文献

1) 増村茂樹，“ライティングの意味と必要性”，映像情報インダストリル，pp.50-51，産業開発機構，Apr.2004.

2) 増村茂樹，“ライティング技術とは何か”，画像ラボ，pp.95-98，日本工業出版，Apr.2004.

3) 長谷川伸，“改訂画像工学”，電子情報通信学会編，コロナ社，Oct.1983.

4) 藤尾孝，“電子画像工学〜画像メディアの感性化とシステムの設計”，電子情報通信学会編，コロナ社，Jan.2000.

5) 増村茂樹,“マシンビジョンシステムにおけるライティング技術の役割と画像機器との関わり”, 画像ラボ, pp.54-60, 日本工業出版, Oct.2004.
6) 塩谷繁雄, 豊沢豊, 国府田隆夫, 柊元宏,“光物性ハンドブック”, 朝倉書店, Mar.1984.
7) 増村茂樹,“マシンビジョンにおけるライティング技術とその展望”, 映像情報インダストリアル, pp.65-69, 産業開発機構, Jul.2003.
8) Richard P. Feynman, “THE FEYNMAN LECTURES ON PHYSICS Vols.”, Addison-Wesley Publishing Company, Inc., 1965.
9) 左貝潤一,“光学の基礎”, コロナ社, Oct.1997.

9. 直接光・散乱光による濃淡の最適化

ビジョンシステムにおける照明は，明るくすることが目的ではない。それでは明るくしないのかというと，そういうわけでもない。少なくとも，ビジョンセンサが物体を認識できる程度には，明るくするわけである。

しかし，まさに問題のポイントはここにある。人間が物体認識をするのと，機械が物体認識をするのとでは，根本的に異なる点がひとつある。それは突き詰めると，「機械は，何を見たいのか分からない」ということである。すなわち，人間の意志に相当する部分が欠如しているのである。

意志は，心の働きのひとつである。ある一定の条件下で，S/Nの大きな有限のパターンを識別することは可能でも，種々雑多なノイズの中から臨機応変に目的とするものを抽出して認識する力は，まさにこの心の働きに起因する。したがって，心を持ち得ない機械に対して，単に明るくするというヒューマンビジョンと同じ視覚情報を与えたのでは，物体認識が適わないのも当然である。マシンビジョンでは，認識目的に合わせてライティングそのものを最適化しなければならないのである。

9.1 ライティングの最適化パラメータ

濃淡の最適化とは，何か。何をもって最適化の基準となすのか。それは，取得する画像情報の濃淡パターンの数を，そのビジョンシステムが識別できる濃淡パターンの範囲内まで最少化するということである。

視覚においては，結局，物体から返される光の濃淡が唯一の情報源となる。色も，物体表面の風合いも，立体感も，すべては物体から返される光の濃淡に起因する。そして，その物体から返される光をどのように観察するかで，その濃淡の見え方が決まっている。

9.1.1 最適化条件の元なるもの

光は電磁波としての側面があることから，視覚情報として捉えられるマクロ光学的な変化量として最適化のパラメータを突き詰めると，波動の４つの要素に帰結する。すなわち，波の振動数，振動面，振幅，伝搬方向の４つである。

振動数とは単位時間内にどれだけの波があるかということであり，その単位時間に光の進む長さが光速なので，光速を振動数で除したものが光の波長である。そして，どの波長の光がどれくらい含まれているかで，色が決まってくる。

また，振動面とは偏波面，すなわち偏光特性がどのように変化するかということだが，これは人間の目では直接見ることができない。偏光視といって，振

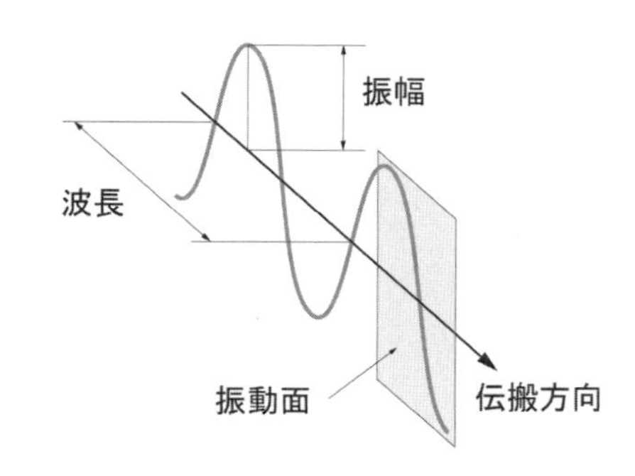

波の要素		照射光側	観察光側
振動数	:	照射波長 スペクトル分布	結像系分光特性 センサ感度特性
振動面	:	偏光子特性 偏光向き	検光子特性 検光向き
振幅	:	輝度 配光特性	ゲイン 露光時間
伝搬方向	:	照射光軸 平行度	観察光軸 開口数（ＮＡ）

図 9.1　ライティングの最適化パラメータ

動面によって透過率の違うフィルタなどを介して見ると，振動方向の偏った光を明暗情報として見ることができるようになる。

振幅は光の強度，すなわち視覚における明るさそのものと考えてよい。

そして最後の伝搬方向とは，光の進む方向のことであり，これは物体に出会うことによって著しく変化する。

9.1.2　主な最適化パラメータ

最適化のパラメータとしては，図9.1に示すように，波の４つの要素において，それぞれ照射光側と観察光側の最適化手段として考えると分かりやすい。

振動数に関するものとしては，照射光の側で考えると，照射光の波長やそのスペクトル分布ということになり，観察光の側で考えると結像光学系の分光特性や積極的なフィルタリング，更には撮像素子の分光感度特性が挙げられる。これはカラーカメラの場合でも同じで，色フィルタの分光特性と撮像素子の分光感度特性，及びホワイトバランスなどのゲイン調整ということになる。

振動面に関するものとしては，どのような偏光をどの向きに照射し，物体の旋光特性を検光子側でどのように抽出するかということが挙げられる。

振幅は明るさと考えていいので，照射光の輝度やその配光特性と撮像素子のゲインや露光時間といった最適化パラメータがこれにあたる。

そして最後の伝搬方向に関しては，照射光軸や観察光軸の設定が重要となり，伝搬方向の変化を鋭敏に捉えるには照射光の平行度と観察光学系の開口数（NA）の最適化が必須となる。

9.2　最適化パラメータとS/N

最適化パラメータとは，目指す特徴点のS/Nを上げて安定に特徴情報を抽出するための調整手段である。したがって，ライティングシステムの最適化を図るためには，目的とする特徴点が光学的に周囲とどのような差があるかをきちんと見極めることが必要となる。そして，これまで様々な形で述べてきたライティング技術も，これが原点であることに変わりはない。

これまで，様々な形でライティング技術を論じてきたが，ヒューマンビジョンをベースにして考えると，やっぱりそれでも明るくして物が見えるというのはあたりまえ，と，ついそのように考えてしまう。

しかし，機械やロボットに目を与え，その視覚機能によって様々な認識判断をさせようとするときに，その判断の元となる情報をどのように抽出するかという問題にはどうしても直面せざるをえなくなる。

9.2.1　照射光と物体界面

物体が光に出会うと，主にその界面で光と物体とが作用し合う。そして，あたかもその物体が新たな光源になったかのように，光を周囲に再放射する。

その光源の形成のされ方によって，直接光と散乱光があり，両者が決定的に違うのは，照射光束の伝搬方向の相対関係が，物体に出会う前とそのあとで保存されているか否か，ということであった。

一般的にその代表的発現形態が，反射と散乱である。ただし，ここでいう反射とは直接光の反射を指している。

結局，我々はほとんどの場合，物体界面での光の変化を見ているというわけである。それも，ヒューマンビジョンでは散乱光が中心で，散乱光の中では分光反射率の差，すなわち色をもっぱらその認識情報として使っているようである。それなら，散乱光を中心に捕捉して色の認識ができるカラーカメラを使用すると，最も人間に近い，すなわち性能の良い画像処理システムができあがるように考えるのは自然であろう。ところが，それをやってみると，処理するデータ量が増えるだけでどうも結果が芳しくない。

当然，この元となる情報は視覚情報であり，それが二次元画像の濃淡情報であることは，人間でも機械でも変わりはない。しかし，豊かなイマジネーションに溢れる人間とは違い，マシンビジョンにおいては，特定の目的を果たすために実質的に対応できるパターンの数が有限となる。

したがって，まず，元になる画像に必要とする特徴情報が過不足なく，しかも安定に含まれている必要があり，更に，その濃淡パターンの数が対応可能な数以下に最少化されている必要がある。そのために，通常の生活照明とは全く違った，情報抽出のための高S/Nのライティング技術が必要となるわけである。そのためには，光の変化が生じている原因を見定め，それを分離発現させる工夫が必要になってくる。なぜなら，濃淡の要因が複合的に含まれていると，ノイズ成分が発現しやすくなるからである。

9.2.2 光の変化とS/N

物体界面で起こる最大の変化は，伝搬方向の変化であり，そのために光の濃淡としては色などと比べて支配的に発現することが多い。凹凸などの物体表面の状態は，多くの場合，この光の伝搬方向が変化することによって，それが光の濃淡情報として視覚に捉えられているわけである。

一般に，伝搬方向の変化による濃淡差は非常に大きい。なぜなら，例えば直接光の場合，物体界面が完全な鏡面なら，鏡面に反射した光が見えるか見えないかということになるからである。見えれば非常にまぶしいし，見えなければ真っ暗である。すなわち，このときのS/Nは，感度さえ十分に取れれば，これを撮像するイメージセンサのダイナミックレンジでほぼ決まるといっていい。センサの感度は有限なので，ここで照射光のある程度の明るさが必要となるのである。

このとき，照射光軸と観察光軸との関係においてS/Nを左右する最大のパラメータは，照射光の平行度と結像系の物体側NAである。

照射光が平行光束であれば，物体表面でわずかに変化した伝搬方向の変化も，平行光束の乱れとして鮮明な濃淡画像で捉えることが可能となるが，照射光がもともとある程度のバラツキ角をもって照射されれば，当然ながらわずかな変化はそのバラツキの中で打ち消されてしまう。

また，結像光学系ついては，NAが小さいほど，反射光のわずかな角度変化も結像側の濃淡差として発現しやすくなる。一般にレンズとワークとの距離が大きくなるとNAは小さくなるので，原理的にはワークディスタンスが大きいほど，光の伝搬方向の微妙な変化を捉えやすくなるわけである。

9.3 反射・散乱のメカニズム

視覚においては，つまるところ，物体から返される光の濃淡が唯一の情報源となる。その濃淡とはすなわち，物体表面の観察方向へ向かう輝度変化である。そして，この輝度の変化を制御するにあたっては，物体から光源を見たときの輝度や物体面での照度が，その輝度の変化にどのように関わっているのかという観点が重要になる。

物体から返される光は，その照射光との関係において直接光と散乱光に分類され，それぞれで輝度の変化に特徴があることは既に8.1.2節で紹介した。すなわち，直接光の輝度は光源の物体へ向かう輝度に比例し，散乱光の輝度は物体表面の照度に比例する。これに関しては，11章で詳述する。

それでは，なぜそのようになるのか。掘り下げて，物事の本質に迫ろうとすると，その答えは思いのほか難しい。

9.3.1 大きな鏡での反射

量子論的観点から，光の反射についての思考実験を試みてみる。図9.2に，鏡で反射する光の様子を量子論的に観察する仕組みを示す。

図の(A)では，光源から発せられた光子が鏡で反射し，光センサの光電子増倍管S1に到達して，入射角θと等しい反射角のところで，反射してきた光子を検知してその数をカウントすることができる。そしてこのとき，反射角θと異なる位置に置いたセンサS2はピクリともしない。

当然，このときに反射に寄与しているのは鏡の中央部のごく小さな部分であって，マクロ光学的には正確にその点の位置を割り出すことができる。そして，それ以外の鏡の面は，特に反射に寄与しているとは考えられない。なぜな

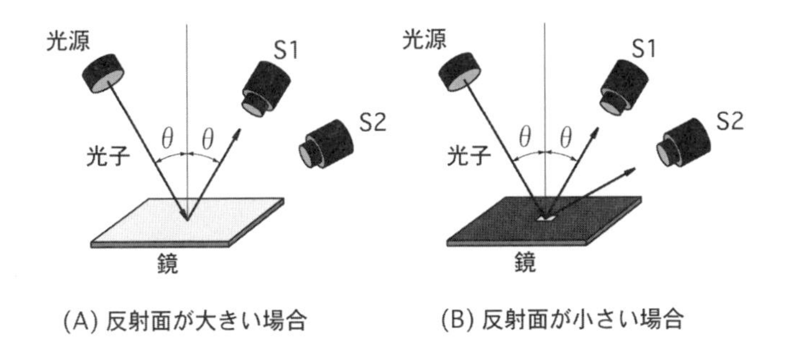

図 9.2　鏡面反射における光子の振る舞い

ら，反射の法則において入射角と反射角が等しいというのは周知の事実であって，反射位置がこの点からずれるとその法則に反することになるからである[1]。

9.3.2　小さな鏡での反射

それでは，その反射位置を特定すべく，今度は図の(B)のように鏡の中央部分だけを残して，鏡の周囲の部分を無反射シートで覆ってしまう。そして，センサＳ1が光子を検知していることを確認しながら，徐々に反射する範囲を狭めていくと，あるところでセンサＳ2が光子を検知し始める。このとき，センサＳ1も光子を検知するが，その頻度は減少し，Ｓ2とは決して同時に光子を検出することはない。

そして，更に驚くべきことに，そのまま無反射シートを動かして，開口部をガラスの中央部以外の様々な点に移動してみると，どの点に移動してもセンサはどちらも光子を検知し続けることになるのである。

すなわち，光の反射は鏡全体で起こっていたわけである。しかし，ある条件でこれが実質的に打ち消され，結果的に中央部でのみ反射しているように見えているだけなのである。この打ち消すように反射している部分だけを削り取って，鏡全面で反射するようにした鏡が回折格子といわれる不思議な鏡なのである。

これは，光を空間的に広がる波と考えると，簡単に説明することができる。しかし，この波をセンサで捕まえると，やっぱりその正体は1個の粒子になってしまうのである[1]。

9.4 反射・散乱と物体の明るさ

ライティング技術では，光源との関わりにおいて直接光と散乱光を定義している。つまり光源から発せられた光は，視覚の対象物である物体に照射されて物体から返されるときに初めて，直接光と散乱光に分類される。

9.4.1 直接光と散乱光の原点

直接光は，図9.2で示した大きな鏡による反射光に対応し，散乱光は小さな鏡で反射した光に対応する。直接光と散乱光は透過光に対しても同じ定義だが，図9.2の思考実験を鏡ではなく，透明なガラス板と考えて透過光を観察したとしても全く同じことになる。図9.3にこの様子を示すが，前述の説明で反

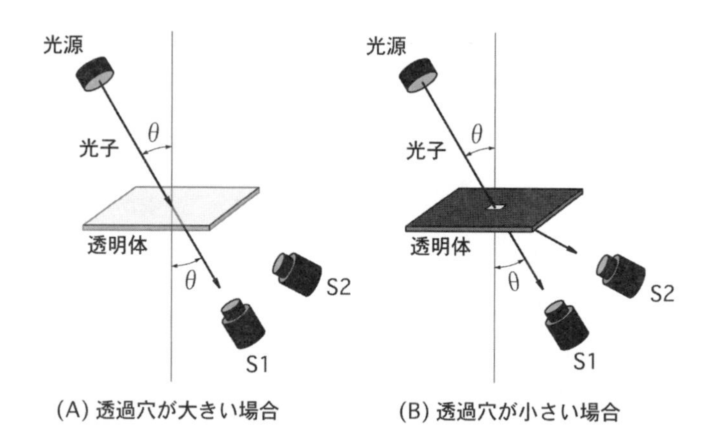

図 9.3 透過における光子の振る舞い

射を透過，鏡を透明体と読み換えるとほぼ同じ説明となる。

反射実験の時は，反射面を小さくすると入射角と反射角が異なるような反射をし，透過実験の時は直進しない光が観察される。これは不合理に感じるが，光がそのように振る舞うのだから致し方ない。

このことから，直接光は，光が粒として光源から発され，それが古典力学の法則に従って跳ね返ってきたような光であり，散乱光とは，光が球面波のような波として伝搬してきた光であると考えることができる。そうすると，実にすっきりとした気分になるのだが，光の諸相は誠に不思議であり，なぜそうなるかは今のところ誰も説明し得ないのが本当のところであろう[1]。

9.4.2 再び物体の明るさを考える

光の明るさは，光の相対的な進行方向に大きく影響される。なぜなら，視覚における明るさは，その結像光学系によって単位面積あたりの光エネルギーで決まるからである。

完全に平行な光線は，距離にかかわらず単位面積あたりの光エネルギーは変わらない。遠い星の光は事実上，ほぼ平行な光の成分だけが届いているといっていいだろう。何万光年の遙か彼方にあっても，その光はきちんと我々の目に届いてその輝きを見ることができる。

今，それぞれに平行な光を投げかけている星空を，鏡に映してみる。すると，鏡に映った星空は，やはりキラキラと同じように輝いて見える。

次に鏡を白い紙に変えると，星々の姿は消え，肉眼ではほぼ真っ暗になるが，均一にある明るさで光ることになる。なぜなら，星々から発せられている平行光はこの紙のどの部分も均一に照射しているからである。

これは，6.6.1節でご紹介した，紙と鏡の実験と全く同じ原理によるものである。ライティングの極意は明視野と暗視野にありというお話しをしたが，これは実は，輝度と照度の最適化という風に言い換えることができるのである。

鏡にしても紙にしても，同じ物体の見え方がこれほど変わるのは，誠に不思議である。普通の生活をしていると何とも思わないことが，マシンビジョンのライティングの仕事に携わっていると，本当に不思議なことに出会うものである。

9.5　光の伝搬方向の変化と濃淡

光は，物体界面においてその伝搬方向が大きく変化する。反射と散乱がその代表であり，この場合の反射とは直接光の反射という意味である。

直接光はその反射率または透過率の差で濃淡を生じ，散乱光は散乱率の差で濃淡を生じる。しかしながら，この反射率や散乱率には，二つの要素が含まれている。一つは物体界面そのものの反射・散乱率であり，もう一つは照射・観察光軸に対する物体界面の傾き角である。

9.5.1　反射・散乱による濃淡変化

反射率・散乱率とは，正確にいうと観察光軸方向における反射率・散乱率のことであって，物体界面そのものの反射・散乱率がその濃淡に反映されるのはもちろんのこと，照射・観察光軸に対する物体面の傾き角がその濃淡に大きく影響を及ぼしている。

図9.4 に，平行光束と観察光の濃淡との関係をまとめた[3),4)]。

照射光が完全な平行光の場合，照射光軸と直交する面の光軸照度Eは，

$$E = \frac{F}{A} \qquad (9.1)$$

のように，光束Fを，直交する面の面積Aで割ったものとなる。

そして，この光軸とθなる角度をなす面での照度は，

$$E_\theta = \frac{F}{A'} = \frac{F\cos\theta}{A} = E\cos\theta \qquad (9.2)$$

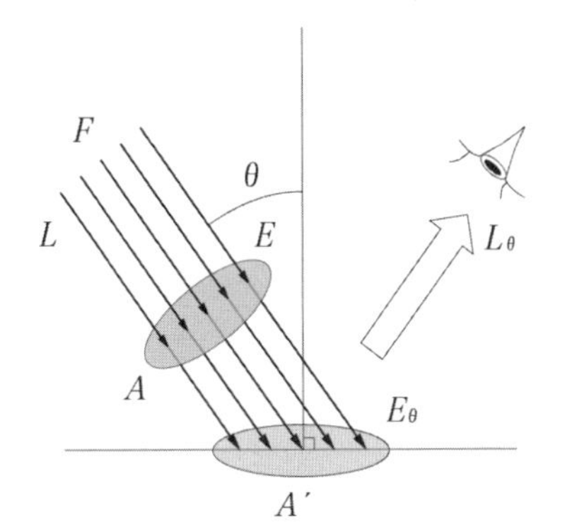

F：**光束** [W, lm]
L：**輝度** [W/sr・m^2, cd/m^2]
θ：**照射角度**
E：**光軸照度** [W/m^2, lm/m^2]
E_θ：**照射面照度** [W/m^2, lm/m^2]
L_θ：**観察輝度** [W/sr・m^2, cd/m^2]

図 9.4　平行光束と観察光の濃淡

となる。すなわち，θだけ傾いた面の照度は，光軸照度の$\cos\theta$倍になるわけである。これは，光束Fによって照射される面積が$1/\cos\theta$に増えるからで，$\theta=90°$ では照度が0になる，いわゆる照度の余弦則である。

そして，このように照射光によって照らされた面は二次光源となって或る明るさに光ることになるが，その観察光の明るさ，すなわち光の濃淡は物体面の観察方向へ向かう輝度で決まり，その明るさは，直接光の場合と散乱光の場合で変わってくる。

直接光では，

$$L_\theta = \rho L \quad (9.3)$$

のように，照射光の輝度が反射率（ρ）によってそのまま観察光の輝度に反映される。これは，物体から返される光束もやはり平行光のままで，その強度が反射率に比例するだけだからである。もし反射率が100%なら，物体から返される光束は照射光と何ら変わるところがないので，輝度もそのまま保存されることになる。

しかし，散乱光の輝度は

$$L_\theta = \frac{\sigma E_\theta}{\pi} = \frac{\sigma}{\pi} E \cos\theta \quad \cdots\cdots (9.4)$$

のように，物体面の照度に比例する形となる。

輝度は光度の面密度であり光源からの距離にも無関係に一定であることから，物体からの直接光を捉えることさえできれば，その明るさは物体との距離や光源との距離に拘わらず一定になる。しかし散乱光の輝度は，物体面の照度によって(9.4)式のように変化し，照射光軸と物体面の法線との角度の余弦に依存して変化する。

9.5.2　物体面の傾きによる濃淡変化

物体面の傾きによって生じる濃淡は，直接光と散乱光でその発生メカニズムが異なっている。

直接光では物体面の局所的な傾きによって，その物体光の伝搬方向，すなわち反射方向が鋭敏に変化する。したがって，物体面の凹凸や比較的大きな傷，打痕などの反射面の傾きが，観察光の濃淡差を大きく左右する。

散乱光では，物体表面が完全拡散面[3]であればその輝度はどの方向から観察しても同じとなる。しかし，物体面が傾くと照射光軸との角度が変わり，入射角の余弦法則によって照度が変動する。その結果，照射面の傾き度合いによって散乱光の輝度に濃淡差が現れる。

両者の濃淡変化の特性と最適化については9.6節で詳述するが，一般に，物体面の明るさやその風合いについては，どのような照射光を照射してそれをどのように観察すればいいかなどということは，日頃，日常的な視覚機能によって実際に見ているようなことなので，とりたてて詮索することなど無いのが普通であろう。すなわち，照明の当て方というちょっとしたノウハウ事項で，何とかなると考えてしまう。それが，マシンビジョンライティングでは，スタンスそのものが違っていることをよく味わって頂きたいと思う。

9.6　照射光の平行度と濃淡の最適化

照射光の平行度を上げれば，物体界面での光の伝搬方向の変化を高S/Nで抽出することができる。このことはまた，逆に照射光の平行度を下げて拡散光を使用すれば，伝搬方向の変化をキャンセル可能なことをも示している。

それでは，伝搬方向の変化による濃淡差をどのようにしたら最適化できるのか。ライティング設計においては，直接光と散乱光の識別，これは明視野・暗視野ということだが，直接光の中での濃淡，散乱光の中での濃淡ということも意識している必要がある。自分は今，一体，どのような濃淡差を抽出したいのか，これがとりもなおさず，「何を，どのように見るか」ということの中身である。

9.6.1　直接光の濃淡の最適化

直接光を観察する直接光照明法[2)]では，物体面の法線に対して照射・観察光軸のなす角度が等しい必要がある。

なぜなら図9.5に示すように，直接光とは正反射光，または正透過光であり，照射光と観察光ではその光軸が物体面の法線となす角度 θ_0 が等しいからである。

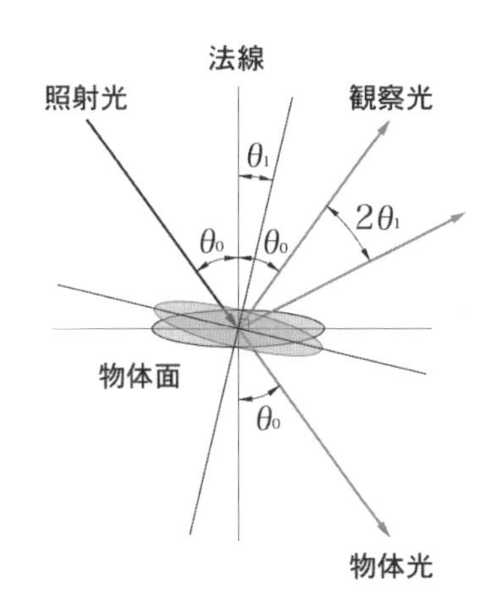

図 9.5　直接光の伝搬方向

そこで物体面が θ_1 だけ傾くと，反射光は $2\theta_1$ だけ傾く。したがって，物体光を観察する結像光学系では，その光軸が元々の物体面の法線に対してθ_0だけ傾いていたとすると，更に2 θ_1だけ傾いた分，反射光に対して濃淡が発生するわけである。濃淡の変化の度合いは，観察光学系の物体側NAと照射立体角の関係に拠るが，詳細は応用編に譲る。

一方，透過光ではその光軸の傾きに変化はない。ただし，それは表裏が平行な平面で構成される厚みのない物体の場合であって，実際には図9.6に示すように，その透過光はスネルの法則[3]にしたがって物体界面で屈折し，図中の物体光 θ_0 のように，物体の厚みに比例して水平方向にずれることになる。

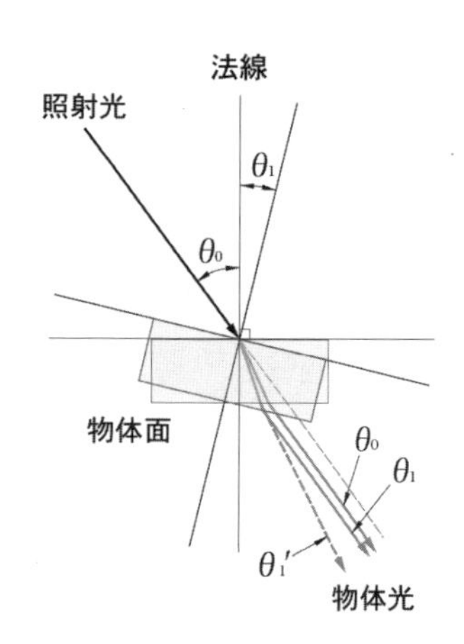

図 9.6　透過直接光の伝搬方向

更に，この物体が θ_1 だけ傾いたとしても，透過光は図中の物体光 θ_1 のように水平方向にずれるだけとなる。しかしながら，物体面の傾きが片面のみの場合には，図中の物体光θ_1'のように，透過角度が変動する。

9.6.2　散乱光の濃淡の最適化

散乱光を観察する散乱光照明法[2]では，表面の照度が一定であれば，図9.7に示すようにどの方向から観察しても同じ輝度となる。

これは散乱光照明の大きな特徴であり，物体面の傾きによって照度の変化を生じにくい拡散光を照射すると，物体形状や大きな凹凸などに左右されず一定の明るさで物体表面を観察できることを意味している。

散乱光照明法では光の伝搬方向の変化による直接的な濃淡が発現しにくい。したがって物体そのものと光との相互作用によるスペクトル分布の変化，すなわち色による濃淡を抽出するのに適しているといえる。

ここで照射光の平行度を上げると，物体面の傾きによって照射面の照度が変化し，全方位に放射される散乱光自体の輝度が一様に変化することになる。しかし，このときの濃淡差は，直接光照明法に比べて緩やかな場合が多い。なぜなら，直接光照明では光源の輝度が直接観察されて，表面の状態が大きく濃淡に反映されるからである。

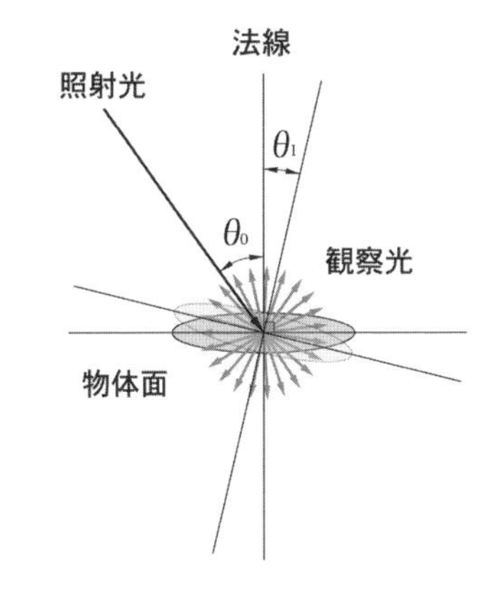

図 9.7 散乱光の伝搬方向

一般的に，散乱光照明法で散乱率の差を検出する場合，小傷や微少な異物など物体表面の局所的な散乱率の差を濃淡として抽出する目的に使用するのに適しているといえる。

参考文献

1) Richard P. Feynman, “THE FEYNMAN LECTURES ON PHYSICS Vols. I ”, Addison-Wesley Publishing Company, Inc., 1965.

2) 増村茂樹, “マシンビジョンにおけるライティング技術とその展望”, 映像情報インダストリアル, pp.65-69, 産業開発機構, Jul.2003.

3) 電気学会大学講座, “照明工学（改訂版）”, 電気学会, Sep.1978.

4) 斉藤辰弥, “照明工学講義, 電気書院”, Mar.1964.

10.　物体の濃淡と観察光学系

光とは本当に不思議な存在である。我々は生まれてこの方，光に包まれて生活しているので，とりたてて不思議だとは思わないかもしれない。しかし，光によってこの世界の見える様を探求し，その本質を突き詰めていくと，まるでこの世が夢幻のように思えてくるのはなぜだろうか。物質は電場と磁場のポテンシャルを持ってこの世に姿を現し，時間という物理量を内包することによって形あるものとして存在している。しかして時間の流れの元なるものは，電磁波でもある光の展開そのものに帰結する。光の速度に近づけば近づくほど，その移動物体の固有の時間の流れは遅くなり，質量は増大する。それは確かに「光速度まずありき」としてアインシュタインの説明した特殊相対性理論のとおりになっているようだ。少なくともこのことは，光が物質世界の存在そのものに深く関わっているということを示している。

10.1　輝度と物体像の明るさ

物体認識をする上で，ライティングのフィールドでは物体から返ってくる光を直接光と散乱光に分けて考える[1]。その最大の理由は，観察光のS/Nを最適化する上で，実はここが一番の勘所になっているからである。そして，その最適化をするにあたって避けて通れないのが，今度はその物体から返される光を，どのように捕捉し評価するかという問題である。

10.1.1　輝度と光度の関係

我々は，物体から返される光の濃淡によって物体認識をしている。物体からの光を捉え，その光から濃淡差を得るためには，観察手段から見た物体表面の輝度の変化がポイントになっている[2]。それでは，輝度とはどのような尺度なのか。そのように問われて，実際に理論的に答えられる人は意外と少ない。

「輝度は，距離に拠らず一定である」ということから，それは光源から発する平行光成分をもって輝度というのか，などと自己流に思いこんでいる人が少なからず存在する。マシンビジョンの専門家は，光学の専門家であるとは限らず，ここ10数年で広まった視覚画像を扱う分野であり，視覚情報があまりにも日常的であるために，照明が重要であることは分かっていても，まさか，それがマシンビジョンの中核を担っている技術であるとは，やはり認識が及んでいないのが実情なのである。

輝度とは，観察手段へ向かう光度の面積密度であり，結局，結像光学系によってセンサ表面に物体の像が結ばれたときに，その物体表面各部の見かけの光度，すなわち輝度の差が物体の濃淡像を形成しているといえる。

光度とは，図10.1に示すように，光源からある方向に向かう，単位立体角[ステラジアン: sr]当たりの光束[ルーメン: lm]で，単位は[カンデラ: cd]=[lm/sr]を用いる。ここで立体角とは，半径 1 mの球の表面が，球の中心を頂点とする円錐で切り取られる部分の面積のことで，全立体角は半径 1 の球の表面積に等しいので4π となる[2]。

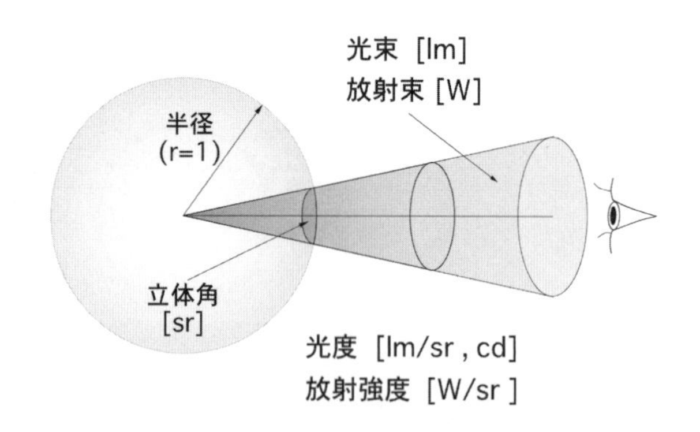

図 10.1　光度と光束の関係

我々の目もCCDカメラもこの濃淡を捉える原理は同じで，どちらも，そのセンサが「単位面積当たり，どれほどの光エネルギーを受けるか」という単純な問題に帰着する。そしてそれが，視覚として物体を捉えるときの見かけの明るさになっている。

10.1.2　輝度と物体との距離

目を物体に近づけると，物体は大きく見える。実際に，目の網膜には物体が大きく映っているわけである。逆に目を遠ざけると物体は小さく見え，網膜には物体が小さく映っている。この様子を，図10.2に示す。

このとき，物体から目を遠ざけると物体は暗くなりそうに思うが，実際にはそうはならない。

網膜に映る物体像の大きさは物体と目との距離に逆比例しており，その面積は距離の二乗に逆比例して小さくなる。

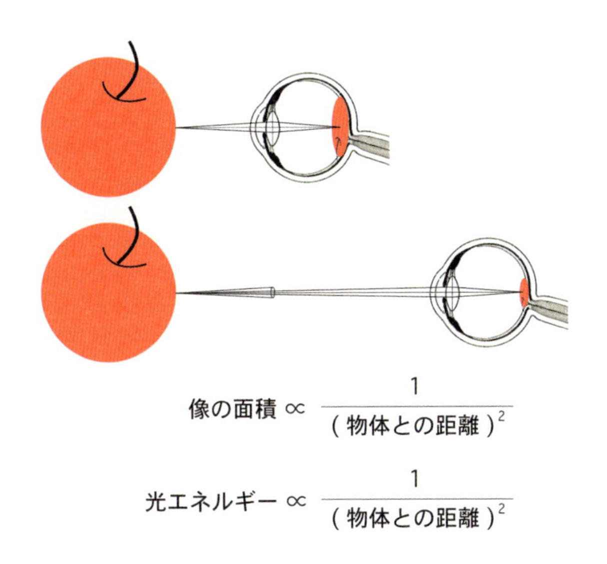

図 10.2　輝度と物体像の明るさ

ところが今，光が放射される空間で光エネルギーの減衰がなく，目の受光面積も変わらないとすると，物体から発せられて目へ飛び込む光エネルギーのほうも距離の二乗に逆比例して減少する。

結局，単位面積当たりの網膜が受ける光エネルギー，すなわち目で感じる物体表面の明るさは，物体と目との距離によらず一定ということになる。これが輝度[cd/㎡]，または放射輝度[W/sr・㎡]という単位の意味で，輝度は距離に依存せず一定であるということになるわけである。

10.2　輝度と物体像の濃淡

物体の各点から発せられる光は，結像光学系によってセンサ上の各点に像を結ぶ。結像（imaging）とは，物体のある点から空間へ向けて周囲に発せられた光をある範囲で切り取り，再び点に集めることである。このことは結局，物体各点から発せられる光のエネルギーである光度の面密度，すなわち結像光学系へ向かう輝度の制御が，撮像画像の濃淡差を決定することを示している。

10.2.1　輝度と濃淡

今，図10.2において，物体から発せられている単位立体角当たりの光エネルギー，すなわち光度[cd, lm/sr, W/sr]が，結像に寄与する或る立体角の範囲で一定であると仮定すると，結像光学系を介して像面の或る1点に集光される光に関して，距離が近いと結像に寄与する立体角が大きくなってその分多くの光エネルギーが使われ，距離が遠いと結像に寄与する立体角が小さくなって少しの光エネルギーしか使われない。

したがって，このとき，物体のある点の明るさを考えると，網膜上でもこれは点に結像するので，距離が遠くなるとこの点に集光される光だけを考えると少しの光エネルギーしか届かないわけだから暗くなっている。しかし，結局，物体認識の際の見かけの物体表面の明るさは，網膜上の単位面積当たりの光エネルギーで決まってくるため，やっぱりその物体面の明るさとしては距離によらず一定に感じられることになるわけである。

ところで，このように説明されると確かにそのようになっているような気もするが，皆さんはこれを感覚的に受け入れることができるだろうか。今，皆さんは本書を読んでおられるわけだが，当然，本書もなにかしらの光エネルギーを受けて二次光源として或る明るさで光っていることと思う。この紙面も，或る明るさで光っているわけだが，目を紙面に近づけたり遠ざけたりしてみて頂きたい。

紙面の明るさは，目を近づけたときと遠ざけたときで変化しているであろうか。若しくは本書を机の上にでも立てておいて，部屋の隅から見てみて欲しい。字は小さくなって読めないかもしれないが，紙面の明るさは変わらないはずである。これが輝度である。

結局，物体側での輝度の差が結像面の濃淡差となって，その濃淡差が物体認識を可能にしているわけである。

10.2.2 直接光と散乱光の輝度

ライティング技術とは，光と物体との相互作用に着目し，照射光と結像光学系を最適化することによって所望の濃淡を生ぜしめ，目的とする特徴点を輝度の差として安定に抽出する技術である。

輝度は光度の面積密度であるが，光度は物体のある点から発せられる単位立体角当たりの光エネルギー，すなわちその点の明るさを示している。一般に，物体はあらゆる方向に光を放っているが，光の伝搬方向の変化を見込んでその濃淡を最適化することにより，目的とする特徴点のSN比を制御することが可能となる。

直接光は，物体に照射された照射光が，鏡のように光束の相対関係を損なわずに返される光で，その輝度は照射光の輝度にそのまま比例する。

一方，散乱光は，物体に照射された照射光が，紙のように物体の各点であらゆる方向に再放射されて返される光で，その輝度はその物体面の照度に比例する。

物体面の照度は，照射光の物体へ向かう輝度に比例するとともに，照射光が均等に拡散する光である場合には光源と物体との距離の二乗に反比例し，更に照射光の光束の相対関係や照射角度によって大きく変化する。

ここで，ライティング設計の極意として，6.6節で既に紹介した鏡と紙の撮像例を思い起こされたい。白い紙を黒く撮像し，黒い紙を白く撮像して見せたこの撮像技術は，実は直接光と散乱光の濃淡制御の原点なのである。直接光と散乱光の輝度を適切に制御し，更にその濃淡差を最適化することがマシンビジョンライティングの第一歩といえる。

10.3　光と物質空間をつなぐもの

アインシュタインの特殊相対性理論によれば，「光速度」がこの物質界の存在と展開に深く関わっており，この世で客観視する限り，光速度を超えるものは実質的に存在できないということになる。これはまるで，魚が水面から上に出られないがごとく，時空間そのものがこの三次元世界からの脱出を拒んでいるようにも見える。このことは，「物質まずありき」と考える立場からは，到底理解のできないことであろう。しかしこの三次元宇宙がビッグバンからできたように，確かにこの三次元空間を超えた世界があり，その世界では少なくとも時間の流れを超越して，この三次元世界より高次な精神活動も可能となるだろう。三次元世界は視覚が中心の世界なので，今，目に見えるものがすべてのように思えるが実はそうではない。

我々は，物体表面の輝度差によって濃淡画像を検知し，物体を認識している。明るさを表す単位として最もポピュラーなのが照度という単位であろう。それでは照度と輝度の関係はどのようになっているのであろうか。これは，物体認識における最も重要なキー要素である物体像の濃淡の元を探り，これを制御する方法論へつながる道となるはずである。

「照度とは物体から見た照明の明るさのことであり，輝度とは観察光学系，すなわち人間においては目から見た物体の明るさである」というと，その関係が分かりやすい。

10.3.1　照度と明るさ

照度（illuminance）の単位は，一般にルクス[lx]という単位を使用する。

これは，図10.3に示すように，単位面積当たりどれくらいの光束，または放射束が入射しているかという尺度であり，ルーメン/平方メートル[lm/㎡]という単位で表される。放射束でいうと，照度は放射照度（irradiance）といい，単位はワットの単位系で[W/㎡]であった。（8.3.2節参照）

したがって，照度とは物体の明るさそのものではなく，物体がどれくらいの明るさで照らされているのかという尺度である。

物体表面の面積 A の部分に光束 F が照射されたとき，その面の平均照度 E は，光束 F を面積 A で割ったものとなる。すなわち，単位面積当たりに照射される光束密度が照度なのである[2]。

放射束：F [W]
光束　：F [lm]

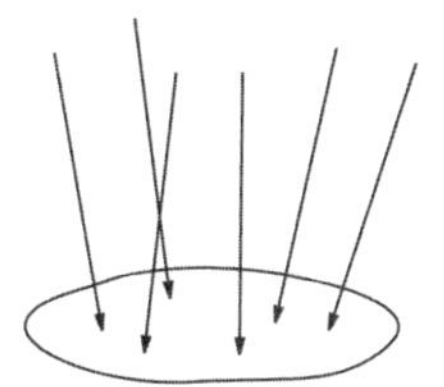

面積：A [m²]

照度：$E = \dfrac{F}{A}$ [lm/m², W/m²]

図 10.3　光束と照度

そして，その物体が二次光源としてどれくらい明るく見えるかは，その物体に照射された光のうち，今度は物体の表面からどれくらいの光束が，どのように再放射され，更に今度は，それを見る側の観測系で，その光束をどのように捕捉するかで決まることになる[3]。

10.3.2　輝度と明るさ

物体の明暗は，光束発散度（luminous　exitance）と輝度（luminance）で

決まる。光束発散度[lm/m^2 ,rlx[注10]]とは物体の単位面積から発散する光束密度のことであり，そのうちで観察方向，つまり目，及び観察光学系へ向かう光度の面積密度が，輝度[cd/m^2]である[3)]。

放射束でいうと，放射発散度（radiant exitance）と放射輝度（radiance）であり，単位は[W/m^2]ということになる。

光束発散度とは，物体からどれくらいの光束が放射されるか，という量であって，物体に照射される光束の面密度を表している照度と，ちょうど逆の尺度になっている。物体認識においては，光が照射された物体がどれくらい明るく見えるかという，いわゆる反射率や透過率に相当すると考えてよい。

ヒューマンビジョンの世界では，この光束発散度で，物体，すなわち二次光源の明るさを表現することがしばしばである。これは，ヒューマンビジョンにおいては，物体からの散乱光を中心に見ているという前提があって初めて成り立つのだが，明視野と暗視野を対等に使用するマシンビジョンの世界では，そういうわけにはいかない。

光束発散度は単位面積あたりの光エネルギー量であるが，物体の濃淡像を論じるにあたっては，厳密には結像光学系を前提に，立体角という方向性を持った単位，すなわち，物体上の点から単位立体角中に放射される光エネルギー量である光度，または放射強度という単位を使用しなければならない。

しかし，結像光学系を使用した場合，点の明るさが基にはなるが，点の明るさだけでは，濃淡像を論じることができない。では，なぜ光度だけで明るさが決められないかというと，物体像の濃淡は点の集まりである面で初めて発現し，それは単位面積当たりの明るさ，すなわち光度の面密度でないと規定できないからである。これは，目の網膜の視細胞や，はたまたCCDやCMOSの光センサにおける光の濃淡が，像面における単位面積当たりの光エネルギー量，すなわち像面照度なる尺度で明るさを電気信号に変換しているからである。

すなわち，物体像面で考えると，これは結局，単位面積当たりの光エネル

[注10] [rlx]はラドルクス(radlux)と読み，二次光源から再放射される光束密度のことで，アメリカやイギリスではメータの代わりにフィートを使って1 lm/ft^{2}を単位として，これをフートランバート(foot lambert)と呼ぶ。

ギー量になるので，照度の単位に帰結するというわけである。この像面照度こそが，物体面の輝度という単位の正体なのである。実際には，像面照度と輝度とが等しいわけではなくて，像面照度には結像光学の透過率やコサイン４乗則などの結像系由来のパラメータがかかっていることを注記しておく。

ではなぜ，光度や輝度という単位が必要なのか，それは物体像を作るための結像光学系の光を集める仕組みに依存している。

10.4 照度と輝度

照度や光束発散度には，その尺度の考え方の中に光の進む方向が含まれていない。すなわち，とにかく単位面積当たりどれだけの光束が照射，または放射されるか，ということを示す。そして，これが光度や輝度になると，ある方向に向かう光束密度，すなわち光の濃淡を考える尺度になる。輝度は，目で見られることを意識した尺度なのである。

10.4.1 結像と明るさ

光度は，ある点から放射される光束密度であって，輝度はその面積密度である。なぜ，そのような尺度が必要かというと，それは我々が観察する側で結像光学系による結像作用によって物体から発せられる光の濃淡を検知していることによる。

結像とは，簡単にいうと，ある一点から様々な方向に発せられた光束を，ある範囲で切り取り，それを再び別の一点に集光させることである。この点が連続して広がって面を構成し，物体像を形成しているわけである。この様子を図10.4に示す。

リンゴのある一点から発せられる光は，その点を頂点として円錐状に広がるので，光束の立体角密度である光度がこれを測る尺度となる。

この光度を，光を切り取る方向への射影面積密度として表すと輝度という単位になる。輝度は，光源や物体面から発せられる光エネルギーのうち，結像光

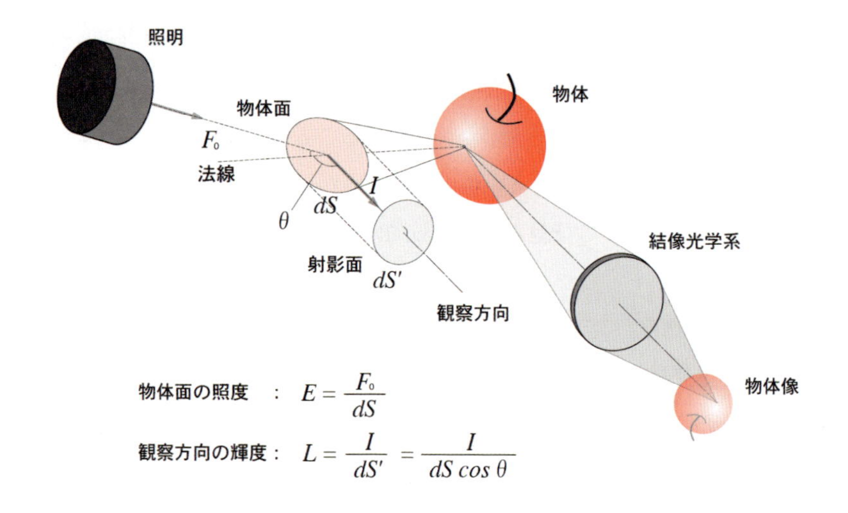

図 10.4　照明系と結像系と物体の明るさ

学系で集められる光エネルギーを，濃淡差の元である単位面積当たりの明るさ，すなわち光エネルギーの面密度として表している量なのである。

10.4.2　照度と輝度の関係

照度と輝度の関係は，そのまま照明と物体の明るさの関係に置き換えることができる。

図10.4で，物体表面の微少面積 dS に，照明から一様な光束 F_0 が照射されるとすると，その物体面の照度 E は

$$E = \frac{F_0}{dS} \quad \cdots\cdots (10.1)$$

で表される。

これが，物体から見た照明の明るさということであり，このリンゴの微少面

は，或る明るさで輝く二次光源となるわけである。

そして，この微少面から再放射される光束として，観察方向へ向かう単位立体角当たりの光束密度を I とすると，観察方向の輝度 L は，この I を dS の観察方向への射影面積 dS' で割ったものとなり，

$$L = \frac{I}{dS'} = \frac{I}{dS\cos\theta} \qquad \cdots\cdots (10.2)$$

のように表される。これが，結像光学系を通して見た，物体面の明るさである。

それでは，照明から照射される光束 F_0 と観察方向へ向かう光度 I との間にはどのような関係があるのだろうか。

実は，この関係こそが，照射光と物体との相互作用によって決定される光物性の部分である。そして，物体から返される反射と散乱は，これを解析し，所望の濃淡を最適化するための最も基本的な発現形態であるといえる。

参考文献

1) 増村茂樹，“マシンビジョンにおけるライティング技術とその展望”, 映像情報インダストリアル, pp.65-69, 産業開発機構, Jul.2003.

2) 電気学会大学講座，“照明工学（改訂版）”, 電気学会, Sep.1978.

3) 増村茂樹，“マシンビジョン画像処理システムにおけるライティング技術［II］～物体認識とライティング設計の基礎～”, 電子情報通信学会誌, vol.88, No.6, pp.445-450, 電子情報通信学会, Jun.2005.

11.　直接光と散乱光の特性

この世は光の支配する世界である。なぜなら，この三次元世界の存在そのものが光と深く関わっているからである。ではなぜそのようになっているのか，残念ながら科学ではその答えを導くことはできない。

科学ではその現象を説明するために，実に様々な仮定を立てているが，これは真実そのものではなくて，説明をするための仮のお膳立てにすぎない。科学の世界では，この様々な仮定を受け入れることなしに，我々は一歩たりとも前に進むことができないのである。

絶対のものと思える科学の世界も，実は反例ひとつで脆くも崩れ去る仮の世界でしかないが，それが科学の発展の歴史でもある。しかしそれでも科学は，仏神の作られたこの世界を説明する，大切なひとつの言葉でもあろうと思う。

この仮説や仮定を受け入れること，それは，独り，創造の道を歩む人間だけに許された，「信じる」という大切な心の働きを想起させる。

11.1　照明と物体照度

物体に照射された光エネルギーは，物体との相互作用によって，どのように変化して返されるのだろうか。視覚では，そこから返される光の濃淡によって，物体を認識している。したがって，その濃淡を制御する上で，照明から物体に照射される光束と物体の輝度との間にどのような関係があるのか，ということが非常に重要な要素となる。

11.1.1　照度と物体の明るさ

マシンビジョンライティングの本質は，単なる「光の当て方」にあるのではなく，光と物体との相互作用である光物性の解析とその抽出技術にある。光と物体との相互作用による変化を，どのようにして抽出するか。そこで重要な関係が，照明と照明によって照射された物体の輝度との関係である。

まず，物体のある点が，照明によってどのように明るくなるのかを考えてみる。ここで，漠然と「明るくなる」という言葉を使ったのは，「明るさ」にはふたつの要素があるからである。

ひとつは，どれくらいの光エネルギーがその点に降り注ぐかという明るさ，すなわち物体照度である。もうひとつは，照射された光エネルギーによってその点がどれくらい明るく見えるかという明るさ，すなわち物体輝度である。

この物体輝度と物体照度を考えるにあたっては，その物体から返される光が直接光であるか散乱光であるか，ということが重要な要素となる。そして透過光を考えなければ，これは一般的な言葉で，反射と散乱ということになるわけである。

更にまた，その物体を観察する光学系で，どのような範囲の光エネルギーが結像に関与するか，ということも重要な要素になっている。すなわち，どのように観察するかということを規定しないと，物体のある点における照度と輝度の関係は決まらないということである。このことは結局，ライティング技術そのものが単なる「光の当て方」では片付かない，ということを示している。

11.1.2　照射光束と照度の関係

図11.1を使って，照射光束と照射された観測点の「明るさ」との関係を考えてみる。

今，物体のある点Pに，半径rの円板光源が距離Rだけ離れて，光度I_0の光束を照射しているとする。ここで，簡単のため，円板光源は，その中心と点Pとを結ぶ照射光軸に直交しているものとし，照射光軸は点Pの接平面上の法線からθだけ傾いているものとする。

このとき，点Pを中心とする半径1の半球面を考えて，光源から点Pへ向けて放射される円錐状の光束と交わる面の面積をS_0，S_0の点Pの接平面上への

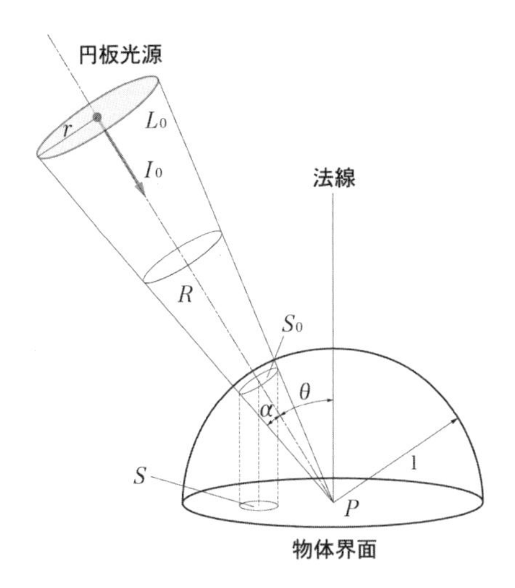

図 11.1　照射光束と観察点の照度

射影面積をSとすると，立体角投射の法則[1]により，点 Pの照度は，

$$E_P = L_0 S \quad \cdots\cdots (11.1)$$

のように，点 Pから見た円板光源の輝度 L_0に Sを乗じたものとなる。

ここで，S_0は点 Pから光源を見た立体角になっており，この立体角 S_0を用いると，点 Pの照度は，

$$E_P = L_0 S_0 \cos\theta \quad \cdots\cdots (11.2)$$

のように，立体角 S_0に θ の余弦を乗じたものとなる。

角度 θ が大きくなればその余弦で点 P の照度は暗くなり，θ =0° で最も明る

くなることが分かる。

また，点Pの照度は，点Pから見た見かけの照明の大きさ，すなわち立体角S_0に比例し，当然点Pから見た光源の輝度にも比例するということが分かる。

この点Pの照度を，円板光源の半径rと点Pからの距離Rで表すと，

$$E_P=\frac{L_0\pi r^2}{r^2+R^2}\cos\theta \quad \cdots\cdots (11.3)$$

となり，更に円板光源全体の見かけの光度I_0を用いると，

$$E_P=\frac{I_0}{r^2+R^2}\cos\theta \quad \cdots\cdots (11.4)$$

となる。

すなわち，点光源ではなく面光源の場合は，単に照明からの距離の二乗に逆比例する逆二乗の法則のままではなく，これに照明の大きさという要素が関わってくることが分かる。

ところで，（11.4）式によると，一見，面光源の半径rが大きくなれば照度が低下するように思えるが，この場合の光度I_0は，点Pの明るさに関与する円板光源全体を，同じ光エネルギーが得られる均等点光源に置き換えた場合の光度に相当することから，面光源が大きくなれば光度はその半径の二乗に比例して明るくなる。このことは，（11.3）式からも明らかである。

また，点Pから見た光照射側の立体角をその光軸からの平面角αで表すと，照明の輝度L_0と，点Pから照明を見たときの視野角であるα，更に照射光軸の傾きθによって，点Pの照度は

$$E_P=\pi L_0\sin^2\alpha\cos\theta \quad \cdots\cdots (11.5)$$

のように簡単な式に変形できる。これが，点 P から照明側を見たときの照明の輝度と点 P の照度との関係である。点 P の照度は，点 P から見た照明の見かけの大きさ，すなわち視角の半角に相当する α の正弦の二乗に比例していることになる。

11.2　照明と物体輝度

照明と物体の輝度の関係を考えるにあたり，照明系と観察系との光束の収支関係がどのようになっているのかを押さえておく必要がある。これには，照射立体角と観察立体角，すなわち結像光学系の物体側NA，及び両者の相対関係が大きく関わっており，更に，照射光が物体界面でどのようにその伝搬方向を変化させるかということが，その濃淡を決する重要なファクタになっている。

11.2.1　照射光束と観察光学系との関係

物体のある点から再放射された光束のうち，どのような範囲の光束を集めて再び一点に結像させることができるかという指標，すなわち観察光学系の開口数（NA：Numerical Aperture）がこの関係を握るひとつの要素となる。

そして，もうひとつの要素は，物体から返される光が直接光か散乱光かということである。

図11.2に，物体上の点 P を観察する場合の，照射光と観察光の関係を示した。図中の点 P から発せられる光束が，点 P を頂点とする ω_o なる立体角をもって結像光学系に入射し，結像面に再び点として集光される場合を考える。

物体上の点 P から返される光が直接光なら，点 P の観察系から見た輝度に作用する照射光束は，観察光学系の開口立体角 ω_o と同じ立体角 ω_i 内の光束のみとなる。なぜなら，直接光の場合，反射光では入射角と反射角が等しく，なおかつ光源から発せられた光束の相対関係がそのまま保たれているからである。

散乱光なら，物体上の点 P からあらゆる方向に光束が発散され，観察光学系はその一部分である立体角 ω_o 部分の光束，すなわち点 P から放射される全光

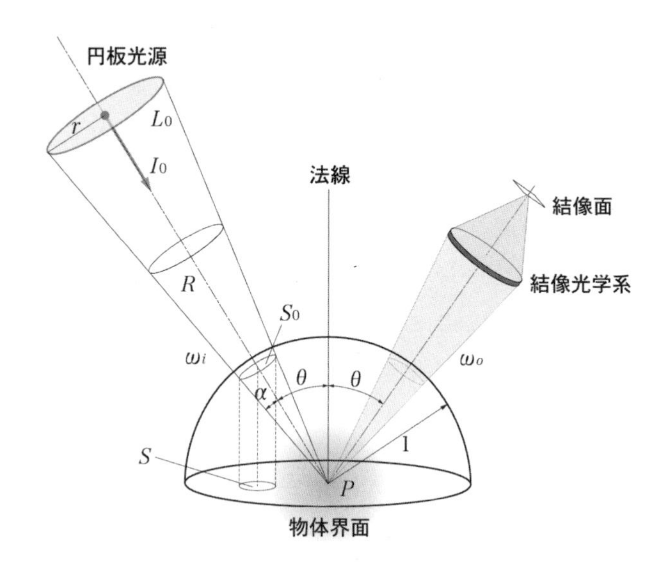

図 11.2　照射光束と観察点の輝度

束の内，$\omega_o/4\pi$ で示される一定割合の光束を集めることになる。このことは，観察光の明るさが，照射光束側の照射形態，すなわち照射角度や照射立体角と直接の関係がない，ということを示している。これは，散乱光が，点 P に供給された光エネルギーを元に，点Pが二次点光源として光エネルギーを再放射していることによる。

11.2.2　照明の輝度と物体の輝度

物体の濃淡情報を決定する輝度は，物体から返される光が直接光なら，

$$L_D = \rho L_0 \qquad \cdots\cdots (11.6)$$

のように，照明側の輝度L_0に反射率ρを乗じたものとなり，散乱光なら，

$$L_S = \frac{\sigma E_P}{\pi} \quad \cdots\cdots (11.7)$$

のように，点Pの照度に散乱率σを乗じてπで除したものとなる。

また，（11.7）式に（11.5）を代入すると，

$$L_S = \sigma L_0 \sin^2\alpha \cos\theta \quad \cdots\cdots (11.8)$$

となり，散乱光における照明の輝度との関係が明確になる。

ただし，直接光の場合，照明サイズが点Pからみて観察系と同じ立体角ω_oより下回ると，散乱光の場合のように距離依存性が見られるようになる。すなわち，結像光学系の焦点を固定するライティングの世界では，距離によって変化しないはずの輝度が照明と物体との距離によって変わる，などということが起こってくるわけである。そして，この特性には，現にその点を見ている観察光学系の物体側NAが大きく影響していることを忘れてはならない。

11.3　物体輝度変化の元なるもの

これまで，「視覚における物体の見え方」ということに関しては，それが多分に感覚的な要素を含んでいることもあり，実は「明るくする」ということ以外あまり深く探求されてこなかった分野であった。

ところが，機械の視覚，すなわちマシンビジョンが世に出て，「見える」ということがどういうことなのか，ということが探求され始めた。

これには，画像という形を通して物体の形状や様々な情報を認識するには「どのように見えればいいのか」ということを，機械の立場で客観視できるようになったことが大きく影響している。

マシンビジョンの世界では，様々な画像処理手法によって目的とする特徴点

を数値化し，これを画像認識の用に供する。しかし，人間にとっては認識できて当たり前のものが，機械にとってはとてつもなく難しい作業であることが次第に明らかになってくる。そこでの画像処理の主たる目的は，単純化のための特徴情報の抽出という作業である。そして，その大元を担っているのが，ライティング技術なのである。

11.3.1　物体からの光

光が物体に出会ったとき，その変化は4つのカテゴリに分かれる。波長，伝搬方向，偏波面，強度の4種類である。そのうち，物体から返される光の変化を効果的に抽出し，最適化するために最も注意を払わねばならない変化が伝搬方向の変化である。なぜなら，光の姿を捉えるためには，光とそれを検知するセンサとを直接作用させる必要があるからである。

なぜ，光の変化をカテゴライズして考える必要があるか。それは，必要な変化を抽出し，特徴情報の濃淡像を最適化するためである。

視覚で物体を認識するには，物体から返される光を見てその濃淡を検出する必要がある。物体から返される光の濃淡を考えるにあたって，直接光と散乱光がその基礎となることは，既に何度も例を挙げているとおりだが，その典型的な例として，物体から返される光の特性と最適化の課題が凝縮されているのが紙と鏡の撮像例なのである。

既に本書の6.6節でライティングの極意として紹介した紙と鏡の撮像であるが，なぜそれが極意であるか。そして，ライティングを論じるときに，なぜいつも直接光と散乱光の話が出てくるのか。その答えは，照射光と物体輝度の変化にある。

結論からいうと，直接光と散乱光とでは，照射光と物体輝度の関係が大きく相違している，というのがその理由である。

物体から返される光のうち，直接光とは光源から発せられた光束の相対関係を保存している光であり，その逆にあらゆる方向に再放射された光を散乱光と呼ぶ。

経験的に分かりやすくいうと，直接光は，いわゆる光沢面で光が反射されたり，光学的に透明な物質を透過した光である。そして散乱光は，ザラザラとした表面で反射されたり，若しくは光学的に半透明な物質を透過した光である。

この変化の本質は，いったい何なのか。現象としてはごく一般的な現象であり，さして気に留めることもないのが普通であろう。しかし，なぜ，光と物体との相互作用の中でこのようなことが起こるのかは，実は大きな謎なのである。

11.3.2 光の粒子性と波動性

光は，粒子としての姿である光子（Photon）として振る舞うときと，波動としての姿である電磁波（Electromagnetic wave）として振る舞うときがある。これは，現代量子電磁力学の説明であるが，残念ながらなぜそのようになるのかは現時点での科学では説明することができない。

そこで，少し乱暴だが量子論的に説明すると，直接光は光の粒子性が濃く，散乱光は光の波動性が濃いということができる。すなわち途中過程において，直接光では光子1個が結果的に反射面の法線に対して入射角と反射角が等しいように跳ね返り，散乱光では光子1個があらゆる方向に波のように広がって見えるというわけである。

この説明は，もちろん，光子を古典力学的な粒子として扱っているところに無理がある。なぜなら，光子は質量がないので，古典力学的な扱いにはそぐわないのである。しかし，ものごとは不思議である。先に行くと間違っていることが，今，現在では正しいこともあるのである。

ものごとは，流動的な中に連綿とつながっていく原因と結果の連鎖の中にある。間違いの仮定も，正しいものを導き出す歩みの中に有れば，それは真理に近づく階梯の一段である。全体から見れば，その一段が黄金の一段になっているかもしれないのである。

物体から跳ね返ってくる光は，元々，その物体に照射した光が跳ね返ってきているのではないのである。波の本質は，波を伝搬させる媒質の振動にある。その振動が，エネルギーを伝えているのである。そこで，光の振動に追随して運動する電子が加速度運動をし，電磁輻射という現象で光が再放射される。これが物体からの光の正体である。その電子の運動の方向や範囲が，物質によって異なっており，光が反射されたり，散乱されたり，屈折したりしているのである[2),3),4)]。

11.4　物体輝度の濃淡変化

照明と物体との距離を変化させて，紙と鏡の濃淡変化を実際にCCDカメラで撮像してみる。一般に，照明を遠ざけると被写体の明るさは暗くなると思われるであろう。しかし，意に反してそれはライティングの条件次第ということになる。

11.4.1　紙と鏡の撮像実験

紙と鏡は同一視野内で見えるようにし，撮像するカメラは紙と鏡の法線に対して照明の傾きと同じだけ傾け，正反射方向の光を捉えられるように設定する。図11.3に，この実験の様子を示す。

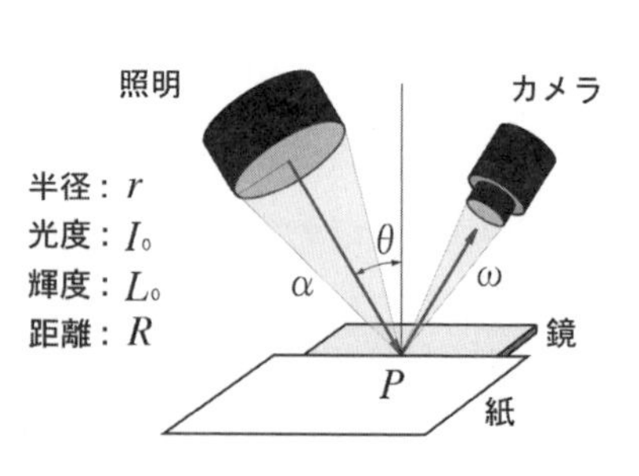

点 P の照度　：$E_P = \dfrac{I_0}{r^2+R^2}\cos\theta$

直接光の輝度：$L_D = \rho L_0$

散乱光の輝度：$L_S = \dfrac{\sigma E_P}{\pi}$

図 11.3　紙と鏡の輝度変化測定の実験構成

照明は，紙と鏡の両者からいつも同距離にあるよう，その境界を含む鉛直平面内で照射距離を変化させる。

カメラで点 P を含む視野範囲

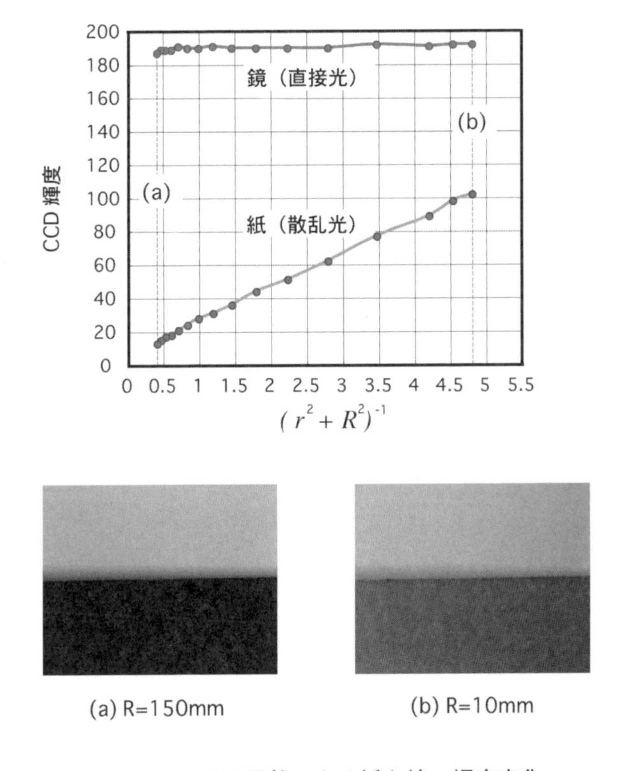

図 11.4　照明距離による紙と鏡の輝度変化

を撮像し，点P周辺の平均の階調値をCCD輝度値として評価する。そうすると，その輝度値が照明との距離によって変化するのは紙の方だけであり，鏡の方は照明の照射距離を変えても変化がない，ということが分かる。

図11.4に，撮像結果を示す。図中の(a)と(b)を参照されたい。照明の照射距離によって明るさの変化している下半分が紙で，明るさの変化していない上半分が鏡の部分である。紙と鏡の境界が多少ぼやけているのは，使用した鏡が表面鏡ではないことに起因する紙の映り込み部分である。

グラフの横軸は，照度変化がグラフ上で直線になるように円板照明の半径 r

と，照明と点 P との距離 R の二乗和の更に逆数にとってある。すなわち，原点に近づくほど，照明と点 P との距離が遠くなるわけである。

11.4.2　紙と鏡の輝度変化

鏡から返される光は直接光であり，その輝度値は（11.6）式で表される。すなわち，反射率 ρ に従って照明の輝度値が決まれば一定の値になり，照明からの距離によって変化することがない。ただしこれは，被照射物の観測点 P から照明を見たときの光照射の立体角 α が，観察光学系の立体角 ω より大きいことが条件となる。

一方，紙から返される光は散乱光であり，その輝度値は（11.7）式で表されるように，点 P の照度で決定される。照度は，（11.4）式で表されるように，照明の大きさと照射距離それぞれの二乗の和に反比例することから，その逆数を横軸に取った図11.4の輝度値の変化では，紙の輝度値が直線状に変化しているわけである。

点P付近では紙と鏡の照度が同じであるにもかかわらず，両者の見た目の明るさは照明の照射距離によって大きく変化する。白い紙を黒く撮像したり，黒い紙を白く撮像する技術は，この特性を巧みに利用しているわけである。この照度と輝度を最適化する技術は，ライティング設計の肝のひとつになっているといっていいだろう。

参考文献

1）斉藤辰弥，“照明工学講義”，電気書院，Mar.1964.
2）Richard P. Feynman, “THE FEYNMAN LECTURES ON PHYSICS Vols. I”, Addison-Wesley Publishing Company, Inc., 1965.
3）工藤恵栄，“光物性基礎”，オーム社，Nov.1996.

4) 徳丸仁, “光と電波 -電磁波に学ぶ自然との対話-”, 森北出版, Mar.2000.

12.　分散直接光の特性

我々は，視覚機能として，物体からの光の濃淡を検知することによって物体認識をしている。物体の非常に細かな部分まで認識できるのは，物体上の一点から放射される光をもう一度一点に集めて，その点の連続で形成される面の明るさを，単位面積あたりの光エネルギーとして感知しているからである。

点から放射された光をもう一度点に集めることを結像という。そして，その点の連続した姿が物体像としてセンサ面上に投影されたときに，我々はその物体像の濃淡を検知して，物体認識をしているわけである。すなわち，あらゆる物体認識の原点は，物体から発せられる光の濃淡にある。この濃淡をどのように現出させ，目的とする特徴点の濃淡を抽出するか。それは，ライティングと結像・撮像系のコンビネーションにかかっている。

12.1　梨地面の見え方

ビジョンシステムでは，結像と撮像によって画像情報を得ている。この結像と撮像に関与する媒体は物体から発せられた光であり，この光の空間的な広がりと強度の変化は，照射光とその物体の光物性によって決定される。

7.3.2節では，海面を例にとって分散直接光の紹介をしたが，本節では，同様の特性を示す例として，梨地金属面の分散直接光についてその特性を考察する。

12.1.1　梨地面での光の反射

物体から返される光のうち，光源から発せられた光束の相対関係を保存している直接光の輝度は光源の輝度に比例し，一方，物体表面で全方位に再放射される散乱光は物体面の照度に比例する。

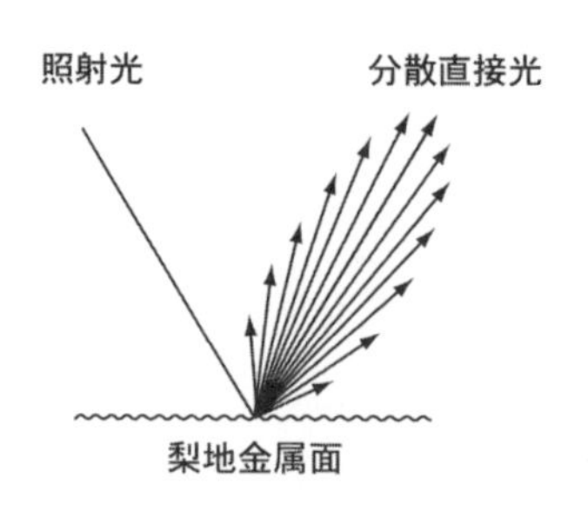

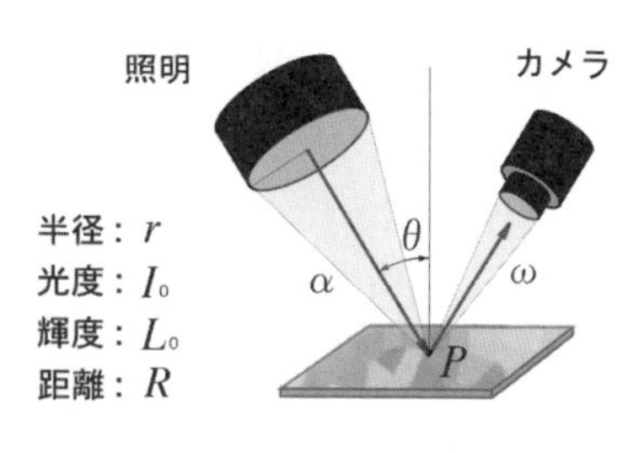

直接光の分散反射：

或る１点では一方向にしか反射しないが、或る面積の平均では正反射方向に強く、正反射方向から傾くにしたがって弱く、直接光が分散分布する。

点 P の照度　：　$E_P = \dfrac{I_0}{r^2+R^2}\cos\theta$

直接光の輝度：　$L_D = \rho L_0$

散乱光の輝度：　$L_S = \dfrac{\sigma E_P}{\pi}$

図 12.1　梨地金属面の輝度変化実験構成

それでは，表面がザラザラした梨地金属面ではどうだろうか。このような面では，顔が映るようで映らない。すなわち，光束の相対関係は変わってはいるが，散乱光のように同時に全方位に再放射されるほど完全に変わってしまっているわけではない[1]。

梨地金属面では，図12.1に示すように，面全体の平均として正反射方向に強い反射光が返されるが，その周囲にも反射光が分布している。

しかし梨地面の細かさは光を全方位に同一輝度で散乱させるほど細かくはなく，実際に反射されている光は直接光であって，それが表面の様々な粗い傾きによって，反射角が正反射方向を中心として円錐状に分布する。

これを，直接光の分散反射（Dispersed Reflection）といい[1]，その結果，物体から返される光を分散直接光（Dispersed Direct Light）という。

ところで，透過光の分散直接光では，一般に透過率が非常に高く，やはり反射光の分散直接光と同様に，ザラザラ感があって拡大すると明るい点とそうでない点が存在する。

12.1.2 梨地面からの反射光分布

図12.1に示した梨地金属面からの反射光の様子は，実際には物体面の一点から発せられている光ではなく，ごく小さな面積を考えたときに，反射方向が円錐状にばらついていることを示している。また，その反射方向には偏りがあるのが一般的で，反射面が略平面であれば正反射方向に反射する光が最も多くなることが多い。

分散直接光を散乱光と区別しなければならない理由は，まさにその反射光の特性にある。梨地面に光を照射してその直接光を詳細に見ると，面内で光っている点と光っていない点があることに気付く。梨地が細かいと人間の目の分解能もあって，全体がぼやっと光っているように見えるが，実際には光っている点とそうでない点とが混じり合っており，照明の照射角度や照射距離を変えると，光る点の箇所が変化することが分かる。

すなわち，光っている点においては直接光としての特性を示すが，平均の明るさで考えると，照射立体角と観察立体角の相対関係で光る点の比率が変化して，それが平均の濃淡変化になっている。

12.2 梨地面の明るさの特性

明るさとは結像光学系を通してみた明るさで，光度の面密度，すなわち輝度である。図12.1では，実際の見え方に近いように正反射方向に長い矢印でこれを示したが，この矢印の長さは輝度を反映している。直接光の分散反射を観察する場合，正反射方向で比較的明るい部分では直接光としての特性が強く，正反射方向からはずれるほど散乱光としての特性が強くなると考えてよい。

12.2.1 光源と梨地面の明るさ

明視野方向，すなわち正反射方向の直接光を観察すると，その輝度は光源の輝度で決まる。したがって，通常なら光源と物体面との距離が変化しても，物体から返される直接光の輝度は一定となるはずである。ところが，梨地面で分散反射した直接光を，平均で最も明るい明視野方向から観察すると，その輝度は図12.2に示すように照明との距離で上に凸に変化する。なお，x 軸には照明

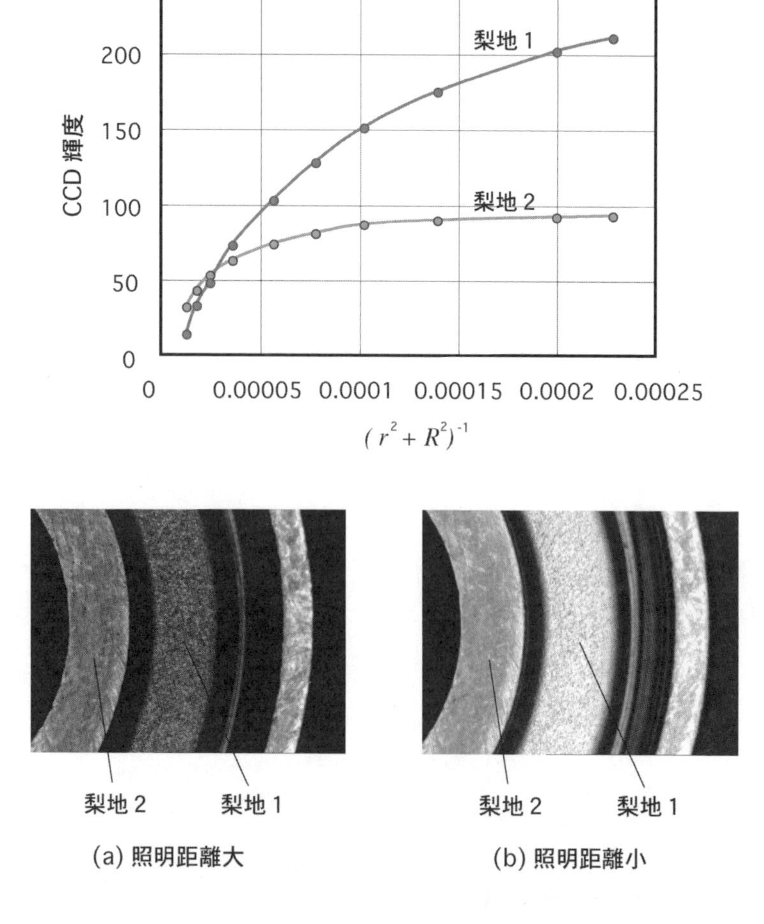

図 12.2　梨地金属表面の明視野方向の輝度変化

半径 r と照明距離 R の二乗和の更に逆数をとってあるので，明るさが照度に比例すれば，グラフ上では直線になるはずである[2)]。

一方，暗視野方向で観察される分散直接光の輝度は，図12.3に示すように，物体面の照度に比例して変化し，ほぼ通常の散乱光の特性と一致している。

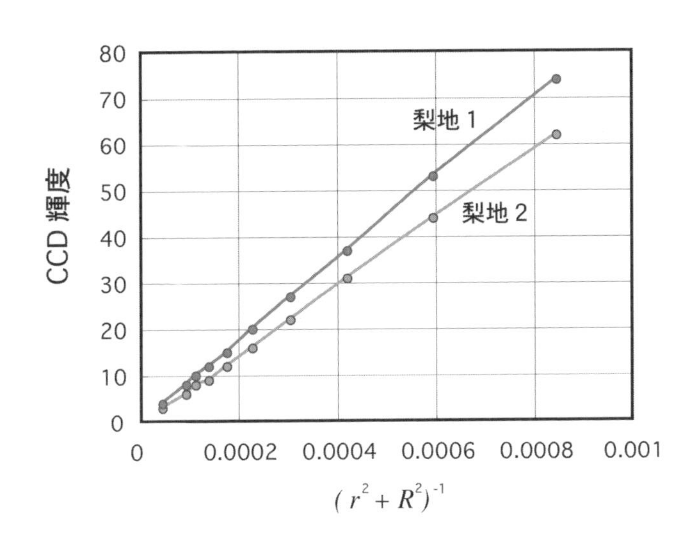

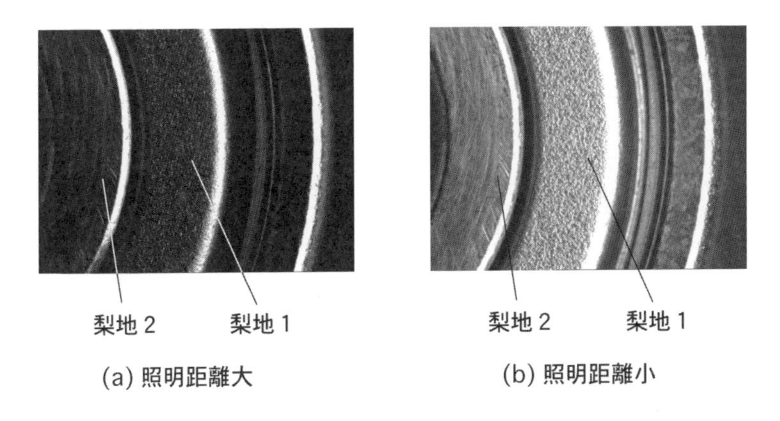

図 12.3　梨地金属表面の暗視野方向の輝度変化

12.2.2 梨地面での輝度変化メカニズム

梨地1は梨地2に比べて粗い梨地面で，梨地面2は梨地面1に比べてより滑らかで鏡面に近い。つまり，梨地面2における直接光の分散反射の度合いは梨地面1に比べて小さくなり，より直接光としての性質が強く，照明距離に対してもその輝度の変化が少なくなっていると考えられる。

直接光を観察しているにもかかわらず，光源との距離によってその平均輝度が変化するのは，照明との距離を変化させると照射光の平行度が変化し，直接光のトータルの分散反射の度合いが変化することによる。光源との距離を変化させると，物体側から見た照射光の平行度が変化するのである。

逆に結像光学系から見れば，梨地面の場合，結像光学系で集められる立体角ωの範囲の反射光に寄与する照射光は，図12.1の照射立体角αに比べて大きくなっているわけである。したがって，その影響を最も大きく受ける明視野方向では，その輝度特性が大きくずれてしまうというわけである。

12.3 伝搬方向の変化を捉える

物体から返される光の濃淡は，照射する光と物体との相互作用で決定される。その相互作用の中でも，最も支配的にその濃淡を決定づけているのが，光の伝搬方向の変化である。そしてその次がスペクトル分布の変化，すなわち可視光帯域では色情報ということになる。

ここで，一口に伝搬方向の変化といっても，直接光の場合は，物体界面の傾き等によって鋭敏に，しかも正確にその方向が変化するので，あらかじめ検出したい角度範囲が分かっていれば，そこを目指して照射立体角と観察立体角の最適化が図られるべきだし，散乱光の場合は，原則どの方向から見ても同じ輝度に見えるので，照射角度の最適化が中心となる。

そして，分散直接光の場合は，その分散角を見極めた上で，更に精密なライティングシステムの最適化が必要とされることになる。

12.3.1　照射光と観察光学系の関係

光は，直接センサで受光して，初めてこれを検知することができる。すなわちセンサで直接受光しなければ，光を間接的に見る手段はない。このことが，物体からの光の濃淡変化において，光の伝搬方向の変化が最も支配的に発現する理由でもある。したがって，物体からの光をどのように見るかということを決定する結像光学系は，物体からの光の濃淡を捉える上で非常に重要な要素となっている。

図12.4において，物体平面上の点Pから発せられた光のうち，開口数（NA）で形成される立体角ωの範囲の光が，結像光学系によってセンサ上に再び点として結像する場合を考える。すなわち，点Pを含む物体表面が，カメラで撮像されている状態である。

このとき，カメラで見ている物体上の点Pの明るさに影響を与える照射光側の照射立体角は，物体表面が平坦な鏡面であると仮定すると，観察光と同じ立体角ω内で点Pに照射される光のみとなる。すなわち，カメラで見た点Pの明

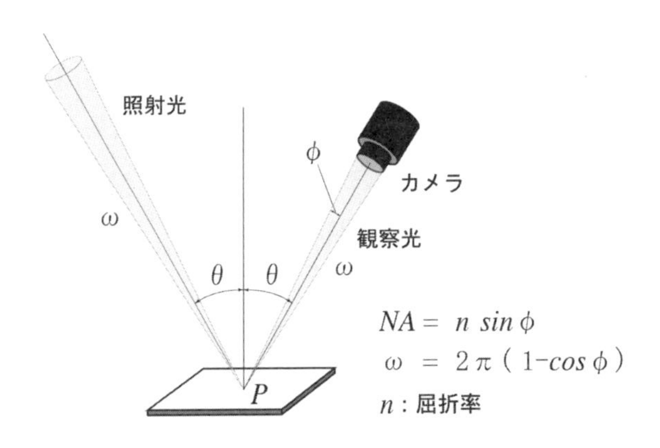

図 12.4　鏡面における照射立体角と観察光学系の関係

るさは，物体表面に対して観察光軸と同じ傾き角θだけ傾いた，照射立体角ω内の光だけとなる。

ここで，開口数（NA）は，結像光学系と被写体の間にある媒質の屈折率をnとして，

$$NA = n \sin\phi \quad \cdots\cdots (12.1)$$

で表される。通常は，結像光学系と被写体の間には空気があるので，空気の屈折率がほぼ1であり，$\sin\phi$が1未満であることから，NAは特殊な場合を除き1より小さな値である。

また，平面半角がϕの時の立体角ωは，

$$\omega = 2\pi(1-\cos\phi) \quad \cdots\cdots (12.2)$$

で表される[3),4)]。

12.3.2　伝搬方向の変化と見かけの明るさ

図12.4で示した関係は，直接光を観察する明視野の場合に成り立っている。

この状態で，物体表面の部分的な傾きなどによって，反射される直接光の方向が変化すると，点Pから発せられる物体光の傾きがその2倍変化することになる。その結果，反射光がカメラの観察光軸からずれて，カメラで見る点Pの見かけの明るさが著しく変化するのである。

また，有効な照射立体角に対して，光を照射する光源がずれたり，その立体角の範囲に含まれる照射光の増減によっても同様のことが起こる。

ここで，NAが非常に小さい場合を考えてみる。この場合は，点Pの明るさに影響を与える照射光は非常にその立体角が小さくなり，ほとんどその平行光の成分だけが点Pの結像光学系から見た明るさに寄与することになる。このと

き，照射光が本当に平行度が高ければ，物体界面の僅かな傾きによって反射直接光の反射角が変わると，点Pはとたんに真っ暗になってしまうことになる。しかし，或る平行度の照射光を使用すると，その照射光の角度で結像光学系に反射光が戻ってくる傾き角までが明るく見え，その傾き角から大きい傾きを持つ面だけが真っ暗になる。すなわち，情報の抽出レベルを変えられるということを意味している。

それでは，次にNAが非常に大きい場合を考えてみる。この場合は，点Pの明るさに影響を与える照射立体角も同じように大きくなり，その照射立体角の全方向から光が照射されているとすると，今度は物体界面が少々傾いても，点Pの明るさは緩やかにしか変化しない。

そして，この場合に，照射光の立体角を小さくして平行度の高い光を照射すると，物体面の傾きによって物体光の反射角度が多少変わっても，それがNAで規定される観察立体角の範囲内であれば点Pの明るさは変わらず，それを超えた傾きで初めて暗くなる。

要は，光の伝搬方向の変化を捉えるには，結像光学系の物体側NAが非常に重要なファクタになっているわけである。レンズの口径や絞りが同じであれば，レンズと被写体との距離（WD:Work Distance）によって，この観察立体角が大きく変わることから，このWDはライティングシステムの設計時には欠かせないパラメータなのである。

12.4　照射光の平行度と観察光

一般に，物体に光を照射してこれを見ると，どの方向から見ても明るく見えるので，普通は伝搬方向の変化による濃淡など考えもしないだろう。通常の生活照明や屋外では，結果的にあらゆる方向からある程度の光が照射されており，何より物体から全方位に返される散乱光を見ていることが多いので，光の照射方向や観察方向などはあまり意識することがない。

12.4.1　凹凸面における反射光の分散反射

凹凸のある鏡面，例えば梨地金属面では，その反射光は直接光であって，この直接光の反射角が表面の凹凸によってある範囲でばらつくことを直接光の分散反射という。

図12.5の(a)に示すように，多くはその正反射方向を中心とした円錐状に分散分布する。ただし，これはある程度の面積から反射する光が，平均的に考えて，ある立体角ω_0でばらついているわけで，実際に物体上の一点から光が分散反射しているわけではない。

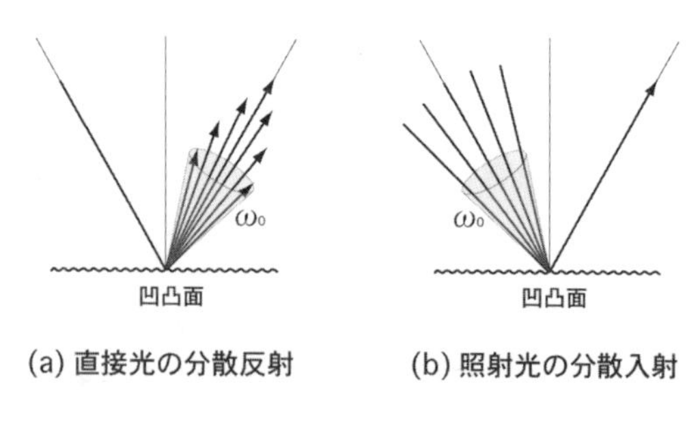

図 12.5　凹凸面における光反射の分散分布

このとき，観察光を例えば正反射方向のみと考えると，この正反射方向の明るさに関与する照射光は，入射角・反射角が等しいとすると，(b)のように直接光の分散角ω_0と同じ立体角内に分散することになる。

これは何を意味しているかというと，分散角がω_0なる凹凸面に対して，照射立体角をその分散角と同じω_0にとると，観察光の側は凹凸ではなく，まるでなめらかな面のように見えるということである。

12.4.2　照射光の平行度と凹凸表面

凹凸鏡面からの直接光の分散反射は，梨地の金属面などに代表される現象で，その明視野方向の輝度は，本来なら照明光源の輝度値のみに比例するところ，照明とワークとの距離によって変化する。

その理由は，図12.6に示したように，照射立体角と観察光学系の開口数，すなわち観察立体角との関係にある。

ワーク表面が鏡面でも凹凸のある場合は，観察光の立体角ωに対して，この明るさに寄与する照射立体角βは反射角のバラツキによってωより大きくなってしまうのである。

したがって，照射光源が立体角βよりも大きければ，カメラで結像されるワーク表面はまるで鏡面のように滑らかに撮像されることとなる。しかし，逆に照射光が点Pに対して形成する立体角αがβより小さい場合は，たとえ照明の輝度が同じであったとしても，少なくともその観察光の平均の輝度値はα/β以下になってしまう。そして，このように実効的に照射立体角が小さいときの撮像画像には，ワーク面の凹凸にしたがった濃淡画像が得られることになる。すなわち，照射光の平行度が上がると，微少な凹凸面や，異物，傷などに対して，よりコントラストの高い鮮明な画像が得られるようになるわけである。

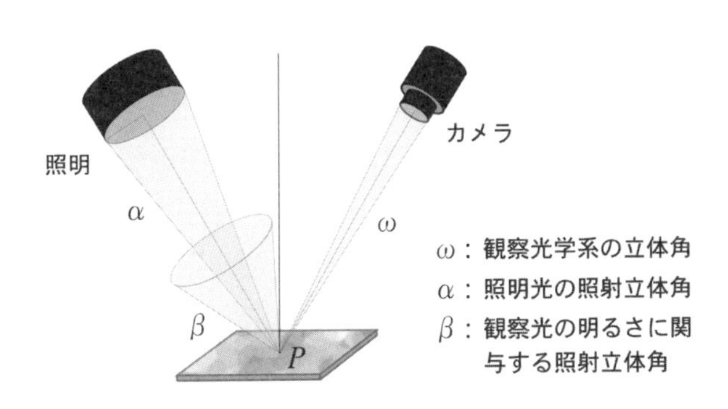

図 12.6　凹凸鏡面の明るさと照射立体角

参考文献

1）増村茂樹，“画像システムにおけるライティング技術とその展望”，映像情報インダストリアル, vol.34, no.1, pp.29-36, 産業開発機構, Jan.2002.

2）斉藤辰弥，“照明工学講義”，電気書院, Mar.1964.

3）左貝潤一，“光学の基礎”，コロナ社, Oct.1997.

4）電気学会大学講座，“照明工学（改訂版）”，電気学会, Sep.1978.

13.　偏光の特性

光が物体に出会うと，それはまるで魔法のような変化を遂げる。真っ暗な闇の中ではただ黒い土塊のような物体が，朝が来て日の光を浴びると，それぞれが光によって生気を与えられ，生き生きと輝き出す。光はすべてのものに色を与え，すべての生き物を育み，すべての営みを支えている。この世に生きていると，この物質世界がすべてのように思ってしまうが，本当は，この世の物質は光の影なのかもしれない。どのような物質でも，熱すると光を発したり，光を照射しても波長の違う蛍光を発したり，電気エネルギーによっても発光現象を示す。現在では，反射や屈折といったマクロ光学的な現象も量子力学の分野で更に本質的な解析がなされているが，根源的には，光がその姿を変えたものが物質ということなのかもしれない。

13.1　波動としての光の姿

光を波として捉えると，物体との相互作用によってその波の４つの要素，すなわち振動数，振動面，振幅，伝搬方向がそれぞれ変化し，そのマクロ光学的な変化量をもって我々は物体認識をしている。

それでは，振動面についての変化はどのように現れ，それをどのように抽出することができるだろうか。実は，人間の視覚では偏光視ができないこともあって，偏光についてはこれまであまり触れてこなかったが，偏光，すなわち波の振動方向の偏りに着目すると，見えないものを見たり，逆に見たくないものをキャンセルすることができる場合も少なくない。

13.1.1　波の式表現

光を波として捉えてその振動面の偏りを考えるにあたり，今一度，光の波としての姿とその表現方法を整理しておきたい。

繰り返しのある任意の波は，余弦関数あるいは正弦関数で表される波の重ね合わせとして表すことができる[1]。それでは，その元になる正弦波について，図13.1を用いて任意の波長，周期，振幅を持つ波の式表現を考えてみよう。

図13.1の(a)は単純な正弦波で，位相θにおけるx方向の変位$x(\theta)$は，

$$x(\theta) = \sin\theta \qquad (13.1)$$

(a)　正弦波

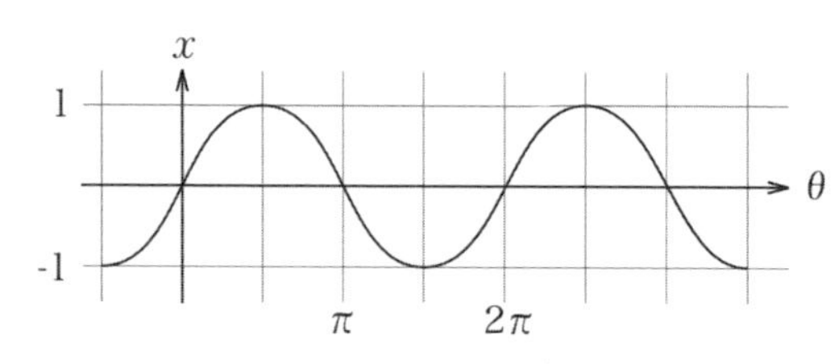

$x(\theta) = \sin\theta$

(b)　波長λ、周期T、振幅E_{0x}の正弦波

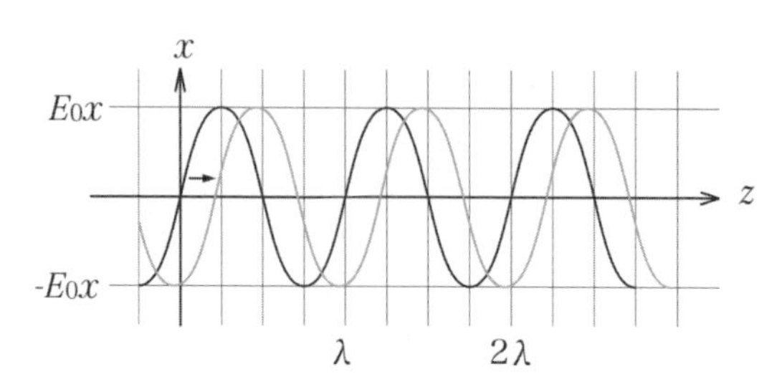

$x(z, t) = E_{0x}\sin\left(\dfrac{2\pi}{\lambda}z - \dfrac{2\pi}{T}t\right)$

図13.1　任意の正弦波の式表現

で表現される。

正弦波はご存じの通り，2 π ごとの繰り返しで同じ波が振動している。

図13.1の(b)は，波長（λ），周期（T），振幅（E_{0x}）の正弦波で，

$$x(z\ ,t) = E_{0x}\sin\left(\frac{2\pi}{\lambda}z - \frac{2\pi}{T}t\right) \quad \cdots\cdots\cdots\cdots (13.2)$$

で表すことができる。

元々の正弦波は振幅が1だから，全体にE_{0x}を乗じると振幅がE_{0x}の波を表すことができる。

また，z の係数を $2\pi/\lambda$ とすることにより，zがλの倍数のときに全体の値が 2πの倍数になって，これで波長がλの波が表現できる。

更に時間のファクタを入れると，ある時間 t におけるある点の変位量は，時間 t の係数を $2\pi/T$ にすると，周期 T ごとに繰り返す波が表現できる。

ただしここで時間の係数がマイナスになっているのは，ある点から見ると時間と共に過ぎていく波に対して，その点の位相は波の進行方向とは逆に遡っていくことになるからである。

ここで，z の項は空間的な波の形状を決定しており，t の項はその空間的な波が時間的にどれくらいの速さで移動していくかを決定している。

13.1.2　電磁波としての光

光は電磁波であり，電場と磁場が振動して伝わる横波である。波である以上，振動方向が存在するが，通常は光の進む方向に垂直な面内であらゆる方向に振動する波が含まれている。

今，電場の振動に着目して，その振動の様子を想像してみると，電場は見えないのだが，その物理イメージは図13.2に示したような円柱状の振動構造で，様々な振動が重なり合って，ちょうど糸蒟蒻か春雨のようなものがその太さ方

向に太くなったり細くなったりといった振動をしているものと考えられる。ただし，これは，偏光がその振動方向を自在に変えたり，完全な直線偏光が完全な非偏光に変わったりと，変幻自在な様を思い描いて勝手に考えた物理イメージなので，特段のサポートがあるわけではないので注意されたい。ただ，そのようなエラスティックなイメージで理解しておくと，今のところ都合がよいというだけである。

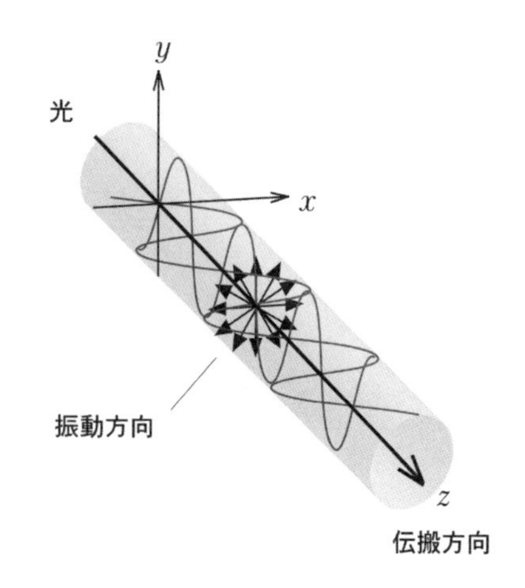

図13.2　電磁波としての光の姿

13.2　偏光の概念

偏光とは，波としての光の振動方向が特定の方向に偏在していることをいう。物体には旋光性といってこの振動方向を回す性質を持つものがある。そのような特性が表れる理由は，物体を構成する分子や原子の配列の仕方によって光の伝達速度が伝搬方向によって異なることによる。

13.2.1　偏光を考える意味

任意の波は正弦波や余弦波の重ね合わせ，すなわち線型和で表現することができる。線型和で表現できるということは，任意の波を構成する単純な正弦波や余弦波の特性を解析すれば，同じ波の要素で成り立っている任意の波の特性が解析できることを意味している。

偏光は振動方向が単一であるので解析しやすく，物体との相互作用，特に旋光特性を純粋に抽出することができ，物体を構成する分子や原子の配列の差をうまく抽出することができる。

13.2.2 偏光の式表現へのアプローチ

図13.2に，z 方向に進む波に対して，x 方向に振動する波と y 方向に振動する波を示した。簡単のため，共に波長，周期が同じであるとする。ここで，x 方向と y 方向は，電界の磁界の振動方向として図示したのではないので，注意されたい。

実際の波は，この２つの波の線型和となり，その振動方向すなわち変位方向を表すために直交するベクトルを用いる。

(13.2) 式で表されるスカラー量に，それぞれ x 方向と y 方向の単位ベクトル $\boldsymbol{x}$ と $\boldsymbol{y}$ を用いて各々の変位ベクトル量 $\boldsymbol{E}x(z, t)$ と $\boldsymbol{E}y(z, t)$ を表し，そのベクトル和 をもって波の変位ベクトル $\boldsymbol{E}$ を表現する。

まず(13.2)式の中で，z と t の係数をそれぞれ，

$$k = \frac{2\pi}{\lambda} \quad \cdots\cdots (13.3)$$

$$\omega = \frac{2\pi}{T} \quad \cdots\cdots (13.4)$$

と置く。

ここで，k は「波数」といって単位長さ当たりに何個の波の周期が含まれているかを示し，ω は「角周波数」といって単位時間当たりに何個の波の周期が含まれているかを示している。(13.3) 式と (13.4) 式を (13.2) 式に代入し，x 方向のベクトル変位を表すと，

$$\boldsymbol{E}x(z, t) = \boldsymbol{x}\, E_{0x} \sin(kz - \omega t) \quad \cdots\cdots (13.5)$$

となり，同様に y 方向のベクトル変位は，

$$E_y(z, t) = \boldsymbol{y}\, E_{0y} \sin(kz - \omega t + \phi) \quad \cdots\cdots (13.6)$$

となる。

ただし，ここで，y方向のベクトル変位には，位相遅れ量としてϕを仮定してある。このように，片方の変位ベクトルの位相がϕだけ遅れるものとしてそのベクトル和を考えると，光学的に異方性を持つ物体の旋光状態を表現することができるわけである。

ここで，（13.5）式と（13.6）式のベクトル和をとると，

$$\boldsymbol{E} = \boldsymbol{E}x(z, t) + \boldsymbol{E}y(z, t) \quad \cdots\cdots (13.7)$$

のように，任意の波のベクトル変位を，時間と位置の関数として表現することができる。

13.3 偏光の式表現

光の姿を考えるとき，私はいつも不思議な気分になる。光を科学するというが，それが一体如何ほどのことがあるというのか。

「科学」とは「幸福」そのものではないが，この三次元世界における幸福の具体化のためには是非とも必要なものである。数学も物理も皆，この世での様々な幸福の具体化において有用であろう。

光を科学するとき，私は，この世界のすべての法則を統べている，いわば大宇宙の根源仏からの「愛」を感ぜずにはおれない。すべての「愛」の源流はここにある。

昨今は子供達の理科離れが著しいということだが，感性的にしか分からなかった「ものの理」が，算数や理科をとおして理論的に理解できるということは素晴らしいことである。素朴な理を素朴に理解し得たときの，えもいわれぬ

幸せな気持ちを，是非多くの人に伝えたいものだと思う。

人間が，目でものが見えるということ，それはこの世に生きていて実に幸せなことなのである。機械にものが見えたとき，機械も幸せな気分になれるのだろうか。

13.3.1　直線偏光の式表現

光は電磁波という波であり，その波の形は振動数，振幅，振動方向，伝搬方向の４つで決まっている。光が物体に出会ったときにその振動方向も変化するが，その変化量を捕捉するには波の偏りすなわち偏光が重要な要素となる[1]。

光は，その伝搬方向と直交する面内で振動する横波である。この波の振動を表すために，図13.3に示すように，z軸方向に伝搬する光に対して，これと直交するx-y平面内で任意の方向に振動するベクトル量を考え，これをx方向のベクトル量の（13.5）式とy方向のベクトル量の（13.6）式の振動成分に分けて，この合成ベクトルとして（13.7）式で表わせたわけである。

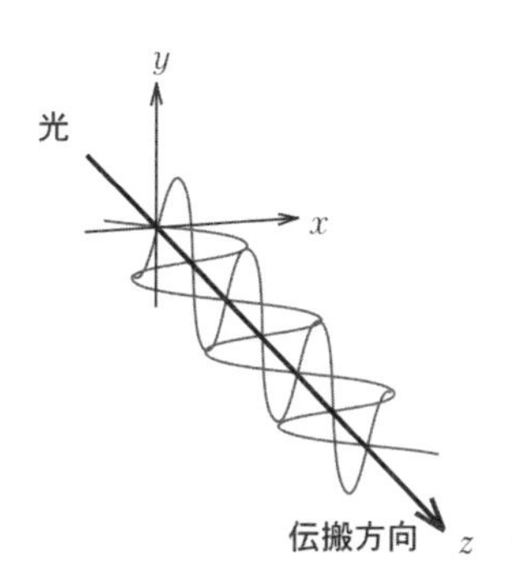

$$Ex(z, t) = \boldsymbol{x} E_{0x} \sin(kz - \omega t) \quad \cdots\cdots (13.5)$$

$$Ey(z, t) = \boldsymbol{y} E_{0y} \sin(kz - \omega t + \phi) \quad \cdots\cdots (13.6)$$

$$E = Ex(z, t) + Ey(z, t) \quad \cdots\cdots (13.7)$$

図13.3　波としての光の式表現

直線偏光とは，電場が，ある特定の方向のみに振動している光である。しかし，それは位相のずれた波の重ね合わせの結果生じると考えると，偏光の持つ実際の特性とよく一致するのである。

図13.4の(a)は，y 方向の振動成分の位相のズレが波の 1 周期分にあたる2 π，すなわち結果的に波の位相が同一の正弦波を足し合わせたもので，伝搬方向を含む振動面は x - y 平面の第一象限と第三象限内で一定の角度だけ傾いた面になっている。

また図13.4の(b)は，y 方向の振動成分の位相のズレが波の半周期分にあたる π になっており，この場合の振動面は x - y 平面の第二・第四象限内にある。

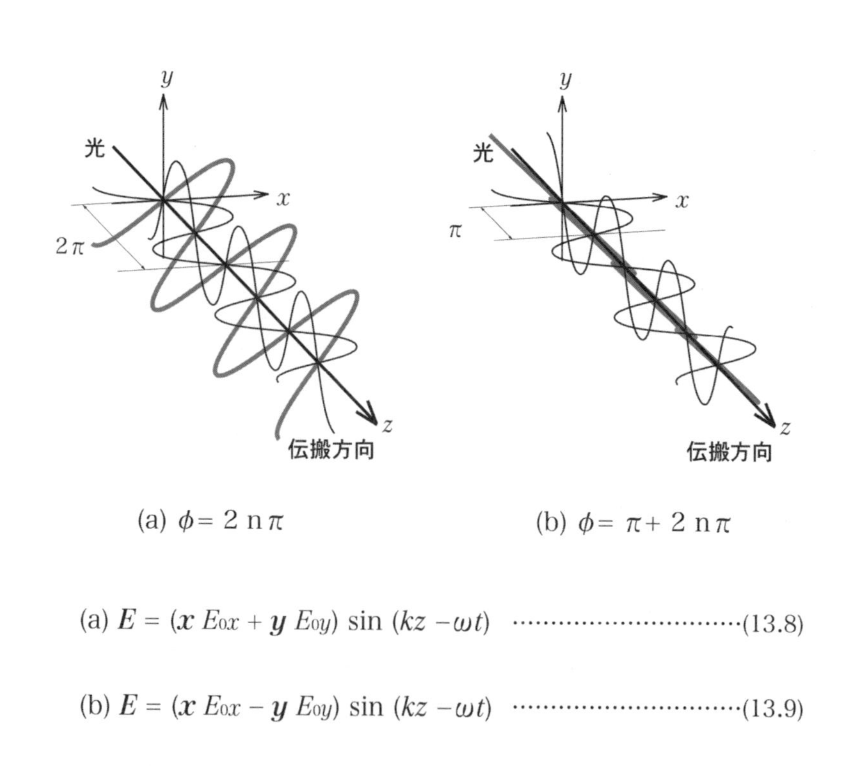

$$(a)\ \boldsymbol{E} = (\boldsymbol{x}\, E_{0x} + \boldsymbol{y}\, E_{0y}) \sin (kz - \omega t) \quad \cdots\cdots (13.8)$$

$$(b)\ \boldsymbol{E} = (\boldsymbol{x}\, E_{0x} - \boldsymbol{y}\, E_{0y}) \sin (kz - \omega t) \quad \cdots\cdots (13.9)$$

図13.4　直線偏光における振動方向と位相差の関係

(13.8) 式，及び (13.9) 式において，正弦関数の係数部分が振動方向とその振幅を表し，これで，ある点のある時刻における変位の向きと変位の量がベクトル量として表現できたわけである。

13.3.2 円偏光の式表現

直線偏光は，x 方向と y 方向の振動成分がちょうど一周期，または半周期分だけずれたときに出現するが，1/4周期分だけずれたときには，図13.5に示したように，その変位方向が位相によって変化する円偏光となる。

図13.5の(a)は，y 方向の振動成分の位相のズレが波の1/4周期分遅れた場合

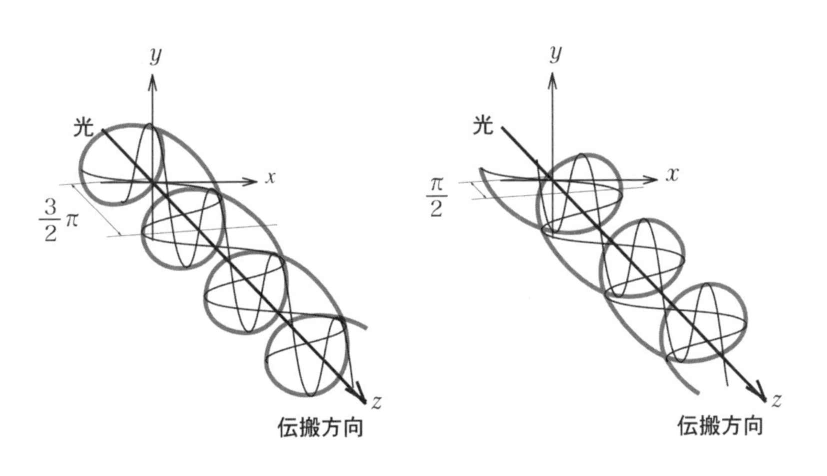

(a) $\phi = \frac{3}{2}\pi + 2n\pi$　　(b) $\phi = \frac{\pi}{2} + 2n\pi$

$$\text{(a)}\ \boldsymbol{E} = \boldsymbol{x}\, E_{0x} \sin(kz - \omega t) + \boldsymbol{y}\, E_{0y} \cos(kz - \omega t) \quad \cdots\cdots\cdots\cdots(13.10)$$

$$\text{(b)}\ \boldsymbol{E} = \boldsymbol{x}\, E_{0x} \sin(kz - \omega t) - \boldsymbol{y}\, E_{0y} \cos(kz - \omega t) \quad \cdots\cdots\cdots\cdots(13.11)$$

図13.5　円偏光における振動方向と位相差の関係

に出現する左回り円偏光であり，(b)は y 方向の振動成分の位相のズレが波の1/4周期分進んだ場合に出現する右回り円偏光である。

13.4　偏光の数式を通した姿

偏光の様子やその変化の特性を利用しようとすると，どうしても数式上で位相のズレがどのようにその振動方向の運動に効いてくるのかを理解しておく必要がある。さもないと，直交座標計で位相がどのようにずれるとどうなるかの予測がつかず，さすがに混乱してしまう。

光の伝搬方向である z 軸上のある点の振動の様子を，直線偏光と円偏光の場合に分けてそれぞれ図13.6，図13.7に示す。

13.4.1　直線偏光の振動の様子

直線偏光の傾き角 α は，図13.6の式（13.12）に示すように，E_{0x} と E_{0y} によって決まり，両者が等しいとすると $\tan\alpha$ が 1 か -1 という条件，すなわち各象限内でちょうど斜め45° という角度をとる。

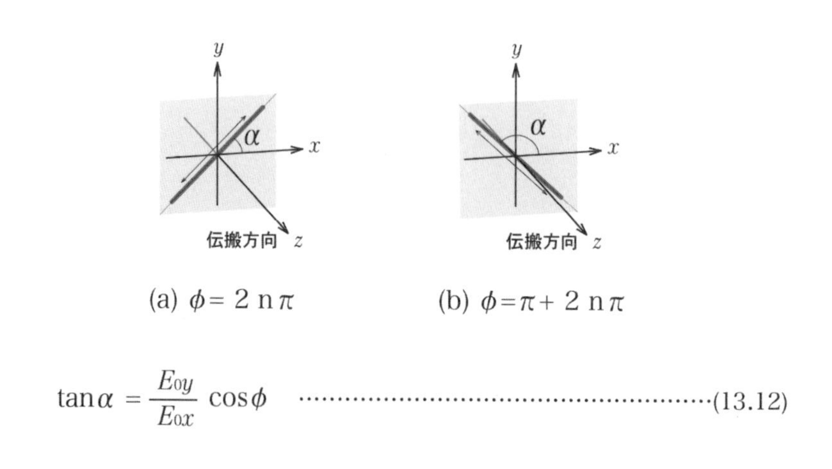

(a) $\phi = 2n\pi$　　(b) $\phi = \pi + 2n\pi$

$$\tan\alpha = \frac{E_{0y}}{E_{0x}}\cos\phi \quad \cdots\cdots(13.12)$$

図13.6　直線偏光における電界振動の様子

この斜め45° という角度は重要な意味を持っている。すなわち，直線偏光とは，x方向とy方向で波の伝わる速度が違うために光の伝搬状態がねじれている姿なのである。

13.4.2 円偏光の振動の様子

円偏光の振動の様子は図13.7のようで，E_{0x}とE_{0y}が等しいとすると変位量は一定となってその変位ベクトルはx-y平面内で円を描いて運動し，その角速度はωで，$2\pi/\omega$なる時間すなわち1周期で1回転している。左回り右回りの定義は，光の伝搬方向から見て，z軸のある点の変位ベクトルがどちら回りかによる。波そのものの形は位相を伝搬方向にたどると逆回りとなっているので注意を要する。式（13.14）に示すように，時間tの項がマイナスになっているのは，波が進むにつれて，ある点の位相はその波を逆にたどるからである。

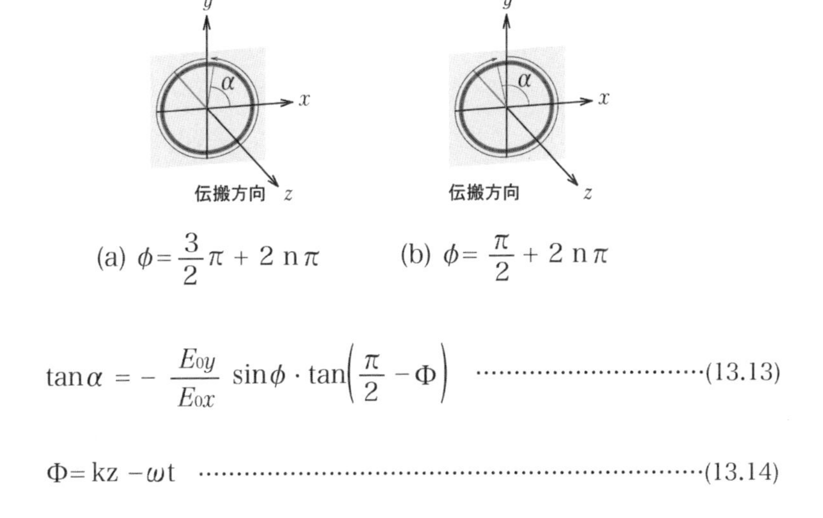

$$\tan\alpha = -\frac{E_{0y}}{E_{0x}}\sin\phi\cdot\tan\left(\frac{\pi}{2} - \Phi\right) \quad \cdots\cdots(13.13)$$

$$\Phi = kz - \omega t \quad \cdots\cdots(13.14)$$

図13.7 円偏光における電界振動の様子

13.5　光の波動伝搬と物質

ビジョンシステムにおいて特徴情報を抽出する手段として様々なライティング技術があるが，そのうち偏光を用いるものは振動方向の変化を捕捉し，これを分離抽出する目的に使用する。人間には偏光視ができないが，偏光板を使用することによって振動方向の変化が濃淡情報に変換され，その旋光量を視覚認識することができる。

光は，その伝搬方向に垂直な面内で電界と磁界が振動する電磁波という横波である。太陽光などの自然光はこの面内でランダムな方向に偏光した波となっている。すなわち，このような波は非偏光な光と呼ばれる。一般的な光源は中間的な偏光状態を取り，部分偏光と呼ばれる状態になっている[1)]。偏光の代表として直線偏光と円偏光があり，更に一般的な偏光状態として楕円偏光があるが，その偏光はどのようにして生成し，どのような特性があるのだろうか。

13.5.1　光学的異方体と光伝搬

物質は分子や原子から成っており，固体は大きく非晶質と結晶質に分けることができる。非晶質とは原子や分子が規則正しく並んでいない状態で，結晶質とは分子や原子が規則正しく並んでいる状態である。それぞれで，光との相互作用は大きく異なる。

一般に結晶質の固体は方向によってその原子や分子の並び方が異なり，方向によって電子の移動度や電気・磁気特性が異なることから，伝搬方向によって光の伝搬の様子が異なってしまう。このような物質を光学的異方体といって，波の振動方向によってその伝搬速度が異なることになる。気体や液体，また非晶質の固体は光学的に等方体であることが多いが，応力や外部電界，または磁界を加えると異方性を示すものも少なくない。

光の電場の振動が物質に出会うと，図13.8に示すように，その変動した電場の進行によって，物質の内部に電気分極が発生する。これは，光の電場変動に

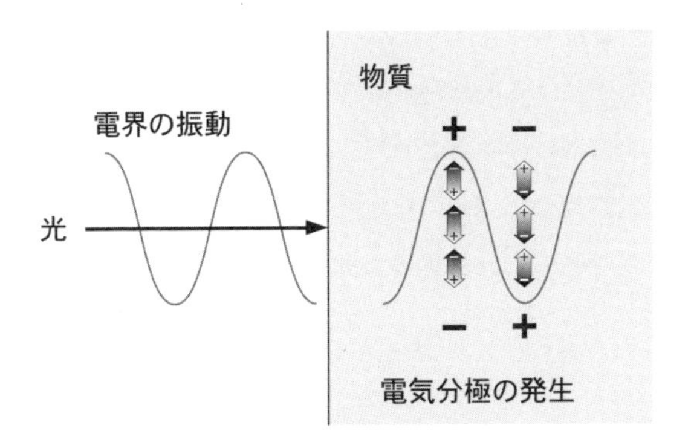

図 13.8 物質中での光の伝搬

よって，結晶格子を形成する原子が分極することによる。すなわち，原子核は電場変動の−の方向へ，その周りをとりまく電子雲は＋の方向へ相対的にずれて釣り合い，その電気分極が電場の変動によって順次変化していくことになる。

ここで，この電気分極は光の電場の変動を妨げる方向へ働き，この電気分極の分布や強度が結晶方向によって異なることから，光学的異方体が形成されていると考えられる。

13.5.2 偏光子と直線偏光

偏光子はその分子構造に特徴があり，ある方向への電子の移動度が極端に小さく，それ以外の方向へは電子が移動しやすいという特性を持っている。電子が移動しやすい方向では，光の電界振動が伝搬しようとするとそれを打ち消す向きに電子が移動して電気分極を作り，その方向成分の振動を打ち消してしまい，結果的に一定の方向の振動成分だけを持つ偏光を取り出すことができる。

これは，図13.8に示したような原子の格子位置に局在する電気分極ではなく，自由電子の移動による逆位相の電場が再放出されて，光の波動伝搬そのものを打ち消してしまうわけである。

図13.9に，偏光子による直線偏光の生成を示す。今，図中の偏光子の自由電子の可動方向がx方向にのみ許されているとすると，その自由電子の作る電気分極によって，光波動のx方向の振動成分のみが打ち消されてしまい，その結果，偏光子を透過できる光波動はy方向の振動成分を持つ直線偏光となるわけである。

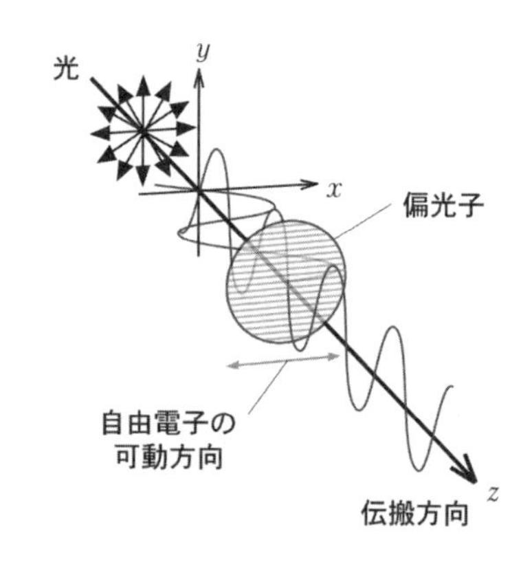

図 13.9　偏光子による直線偏光の生成

13.6　偏光による物体観察

偏光板を使って偏光を生成するときはこれを偏光子といい，逆に偏光の振動面の角度変化すなわち旋光量を光の濃淡情報に変換するときはこれを検光子という。

13.6.1　偏光の可視化

直線偏光は，検光子を通すことによって光の明暗情報に変換することができる。これをマリュス（Malus）の法則といい，検光子を直線偏光の振動面からθだけ傾けると，検光子を透過してくる光の強度$I(\theta)$は，

$$I(\theta) = I_0 \cos^2\theta \qquad (13.14)$$

のごとく検光子を透過する前の光強度 I_0の$\cos\theta$の二乗倍となる。

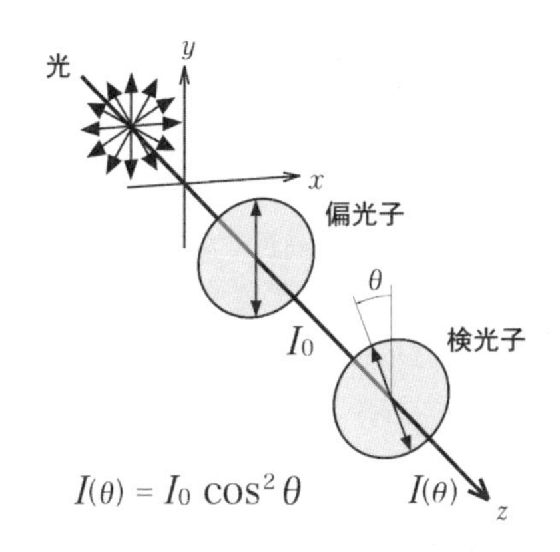

図 13.10　検光子による偏光の可視化

このことは，直線偏光を光学的異方体に照射することにより，その偏光の振動方向がθだけ変化したときに，検光子を通して観察すると$\cos\theta$の二乗倍にその明暗が変化することを示している。ただし，実際には検光子の透過率をあらかじめ考慮しておく必要がある。

13.6.2　偏光と物体の作用

偏光は電場振動の位相が振動方向によって一定のずれがある状態の光波であり，その結果，振動方向に偏りがある状態の光である。これが光学的異方体に出会うとその位相ズレが更に変化することによって，偏光の振動面が様々に変

化することになる。これは，物体を構成する原子や分子の配列によって電子の振動のしやすさが異なることによって説明できる。

自然光ではその振動方向があらゆる方向に向いているために，振動の向きが変わっても全体としてはその差異が大きく発現しないが，振動方向が特定の方向に偏っている偏光を照射すると，この振動方向の変化を捕捉することができるようになる。

一般に，光が物質界面または物質を透過中に，その電場の振動方向が変化する性質を光学的活性（optical activity）という。これは，簡単に光活性といわれたり旋光性（opticalrotation）と呼ばれたりして，化学物質溶液の解析にも使用されている。

また，光学的異方体では，そのメカニズムから二色性のように波長依存性を持つものがあったり，外部電界によって偏光の様子が変化する電気光学効果や，外部磁界によるファラデー効果，更には機械的な応力による光弾性などの現象がある[2)]。

参考文献

1）大坪順次，“光入門”，コロナ社, Aug.2002.

2）Richard P. Feynman, “THE FEYNMAN LECTURES ON PHYSICS Vols. I ”, Addison-Wesley Publishing Company, Inc., 1965.

14. 偏光の応用

一般にヒューマンビジョンにおいてその視覚情報の最初に挙げられるのが「色」であろう。この色情報は実はモノクロの濃淡情報に他ならない。工業用のマシンビジョンシステムでは，スペクトル分布の変化帯域に合わせて最適化された濃淡情報を得るため，発光スペクトル幅の狭いLED照明が利用されている。これはある意味で，人間の色覚を超えた領域である。更に人間の視覚では見ることのできない波長帯域で，比較的可視光領域に近い近紫外や近赤外の領域でのビジョンシステムも様々な形で使用されているが，可視光帯域においても人間では通常見ることのできない変化のひとつが偏光視である。

人間の色覚では判別が難しいような僅かな変化も，その波長帯域のLED照明で鮮やかにコントラストが浮かび上がる。これは，スペクトル分布の狭いLEDの照射光が，その波長帯域の濃淡変化だけを抽出することができるからである。この単色光によるコントラストの抽出メカニズムは，偏光によるコントラストの抽出に似ている。

14.1　偏光視とは何か

光と物体との相互作用による4つの変化のなかで，人間の目に見えない変化が光の振動方向の変化である。偏光視とは，この光の振動方向の変化を空間的な光の濃淡差として識別できる視覚のことであり，ミツバチなどの昆虫類はこの偏光視によって外界を識別していると考えられている。

14.1.1　偏光とハイディンガーブラッシュ

人間には偏光視ができないが，内視現象として，直線偏光の偏光方向を識別することができる。内視現象とは，目の外にあるパターンを知覚するのではなく，目の内部にあるものを見る現象である。目の中の血管が見えたり，盲点が有るというのも内視現象[1]のひとつである。

人間の目の網膜でもその中心部に黄斑部という錐体細胞が密集する部位があり，その部位に二色性を持つ物質が存在することによって，白色の視野で直線偏光が入射したときに黄色と青色が，図14.1に示すように視細胞の並び方向に分離して見える現象がある。これがハイディンガーブラッシュ（Haidinger's brushes）である[1]。

図14.1は液晶モニターから発せられる偏光を利用して筆者が見たハイディンガーブラッシュであり，白色表示のモニター表面から300mm程度離れたところから見て直径約30mm程度の大きさに見えるが，見え方には多少の個人差があるかもしれない。しかし，これはあくまでも内視現象であり，外界の偏光を濃淡パターンとして画像認識できる偏光視にはほど遠いといえる。

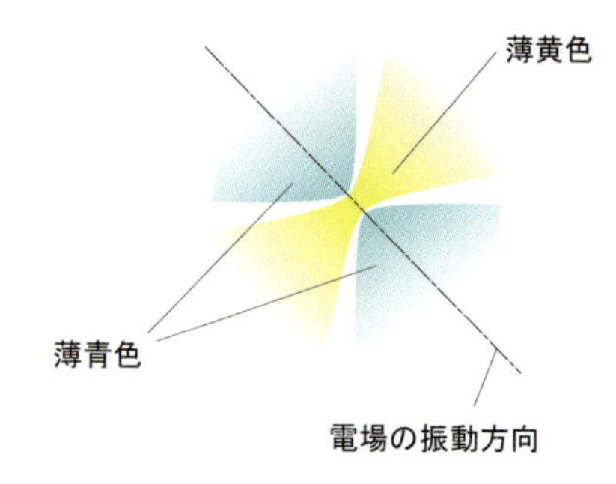

図 14.1　ハイディンガーブラッシュの例

14.1.2　偏光フィルタによる偏光視

身近なものとして，セロハンテープの偏光視例を図14.2に示す。ここでは，光源として本原稿を執筆しているノートパソコンの液晶ディスプレイを使い，更にカメラのレンズに偏光フィルタをかけて，その偏光フィルタの透過光軸を回転させて撮像した。

液晶ディスプレイから発せられている光は直線偏光であるが，偏光板を介して見ないと，図14.2の(a)のように，単にディスプレイ表面にセロテープが張り付いている様が見えるだけだが，偏光板を介して見ると，(b)〜(h)のようにそ

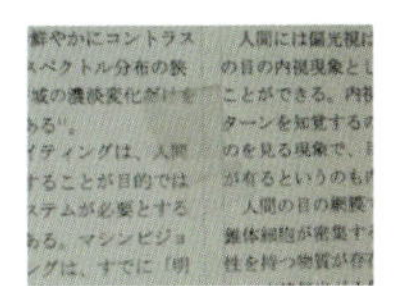
(a) 偏光板無し

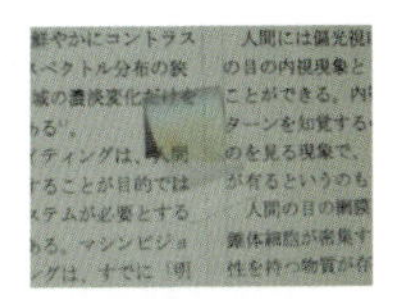
(b) 偏光板 θ =0°

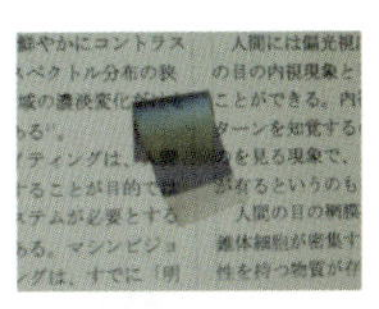
(c) 偏光板 θ =15°

(d) 偏光板 θ =45°

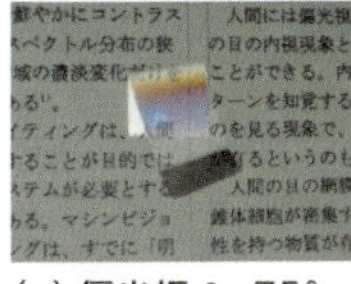
(e) 偏光板 θ =75°

(f) 偏光板 θ =90°

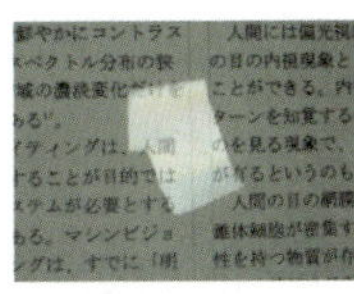
(g) 偏光板 θ =110°

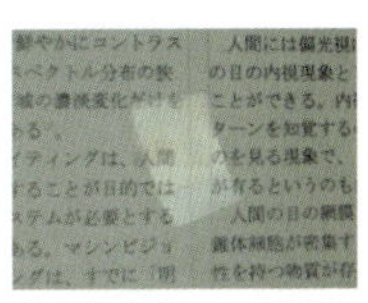
(h) 偏光板 θ =135°

図 14.2　セロハンテープの偏光視

の偏波面の変化の様子を濃淡差として捉えることができる。しかも，光が透過してくる距離によって，綺麗な色が付いて見えることから，位相ズレに関して波長が関係していることが分かる。

14.2　偏波面の変化と偏光視

通常，光はその伝搬方向に対して垂直な面内のあらゆる方向に振動する光を含んでいる。しかしこの状態で偏光視をしても，全体が均一に見えるだけである。一般に，偏光は振動方向に偏りのある光波動であり，振動方向によって透過率の変わる偏光板を利用すると，その振動方向の傾きを濃淡に変換することができる。

14.2.1　偏波面の変化のメカニズム

セロハンテープの基材であるセロハンは，セルロースという細長い高分子材料からできており，基材を引き延ばす工程でそのセルロースが同じ方向に揃うために光学的異方体となり，光の振動方向によってその伝搬速度が違ってくる。

分子の長手方向に揃った方向には電子が動きやすく，それに直交する方向では電子が動きにくい。したがって分子の長手方向では内部に光の波動を妨げる電気分極が生じやすく，その方向が波動伝搬の遅い軸になる。一方，それに直交する方向が波動伝搬の速い軸ということになる。

直交する振動軸の位相差は，

$$\Delta\phi = \frac{2\pi d}{\lambda}(n_1 - n_2) \qquad \cdots\cdots (14.1)$$

のように表され，媒質の波動伝搬が遅い軸と速い軸の屈折率の差 $n_1 - n_2$ と，厚さ d すなわち透過距離に比例し，波長 λ に反比例する。

実際に図14.2の(b)〜(e)では，セロハンテープの湾曲部に沿って美しい虹色のグラデーションが発生しているが，これは特に湾曲部で透過距離が著しく変わっていることによるものと思われる。

14.2.2　位相差と偏波面の変化

直線偏光は，直交する電場の振動軸で位相のズレがちょうど1波長若しくは半波長の整数倍，すなわち $2n\pi$ または $\pi+2n\pi$ であり，それぞれ直交する軸から45°傾いた振動面を持っている。

図14.3の(d)に，実験に使用した液晶画面から発せられている直線偏光の電場の振動方向を示す。画面の水平方向を振動軸の x，垂直方向を y としたとき，その位相差は $\pi+2n\pi$ であることになる。

一方，セロハンテープを透かして見ると長手方向に微かに筋が伸びていることから分子の流れがこの方向だとすると，波動伝搬の遅い軸はこの長手方向であると推定される。

画面に水平に張ったセロハンテープ越しでは1枚で振動面がほぼ90°回っていることから，その位相差は1枚分で π すなわちほぼ半波長分であることが分

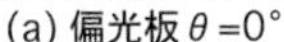
(a) 偏光板 θ =0°

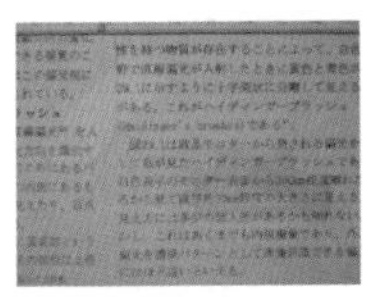
(b) 偏光板 θ =45°

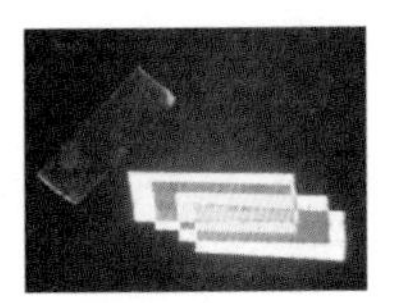
(c) 偏光板 θ =90°

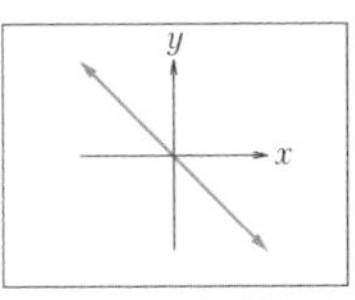

(d) 電場の振動方向

図 14.3　セロハンテープによる旋光

かる。セロハンテープを重ね張りすると，1 枚に付き振動面が90° ずつ旋光している様子がよく分かる。ただし，透過距離が長くなると二色性が発現して透過光に色が付いてくる。

また，画面に斜め45° に張ったセロハンテープでは，その位相差を発生する軸が元の直線偏光の振動方向に沿った方向なので，xy-軸には同程度の位相差が発生することになり，ディスプレーから発せられた直線偏光にその振動面の変化が見られないことがわかる。

14.3　光学活性と偏光視

視覚による物体認識は，物体から発せられた光が結像系によって網膜上に濃淡像を形成するところから始まる。濃淡像は単位面積あたりの光エネルギーで決まり，詳細な視覚認識をするためには，物体面の各点から発せられた光が，正確にその相対関係を保ちながら再び濃淡像の各点に集められる必要がある。そうして初めて，我々は物体面の各点から発せられる光の強弱を知ることができるわけである。

ところで，人間の視覚認識ではこの濃淡情報が情報検出のすべてであり，色情報も詰まるところ，この濃淡情報から形成されている。したがって，濃淡情報ではない光の偏波面の変化などは，もともと認識することができないのである。人間には砂糖水と水道水の区別は飲んでみないと分からない。しかし，偏光を利用するとそれが濃淡情報として確かに見えるのである。

反射と散乱による濃淡は，それぞれ反射率と散乱率，及び伝搬方向の変化によってもたらされる。これが通常の視覚認識の大元になっているわけだが，光の振動方向が変わるような旋光特性は，これをそのまま濃淡差としてみることはできない。しかし，ひとたび偏光を照射光として用いると，その様子は一変する。

14.3.1　旋光現象と光学的異方体

媒質中を光が通過するときに，右回りの偏光と左回りの偏光に対して異なる屈折率を示すものがある。このような媒質のことを，光学活性を持つ物質であるという。また，この媒質に直線偏光を入射させると，その偏光角が媒質中で連続的に回転していくことになる。この現象を旋光という[1),2)]。

光学活性を持つ物質は，螺旋状の結晶構造をしており，光が入射したときに，その光の電界振動によって分子内で発生する電子運動が螺旋状の回転運動となる。これに伴って発生する磁場が双極子モーメントを発生させて光の振動面を回転させている。したがって，光学活性によって発生する旋光性と，一般に光学的異方体と呼ばれて波動伝搬の遅い軸と速い軸との間で波動の位相差を生じる現象とでは，そのメカニズムが異なっている。光学的異方体では，波動の伝わる光学軸間で位相差が発生してその合成波の変位方向が変化するが，光学活性による旋光現象の場合は，いわば光学軸そのものが回転していく現象と考えれば分かりやすい。

14.3.2　砂糖水の偏光視

砂糖の分子は螺旋構造をしており，その立体的な構造が旋光特性の元になっている。砂糖を水に溶かすと無色透明となるが，その分子構造から来る旋光特性はそのまま保たれている。

図14.4に，砂糖水の偏光視実験の構成を示す。偏光子を通して直線偏光を生成し，これを砂糖水と水道水を入れたコップに透過させる。その透過光を検光

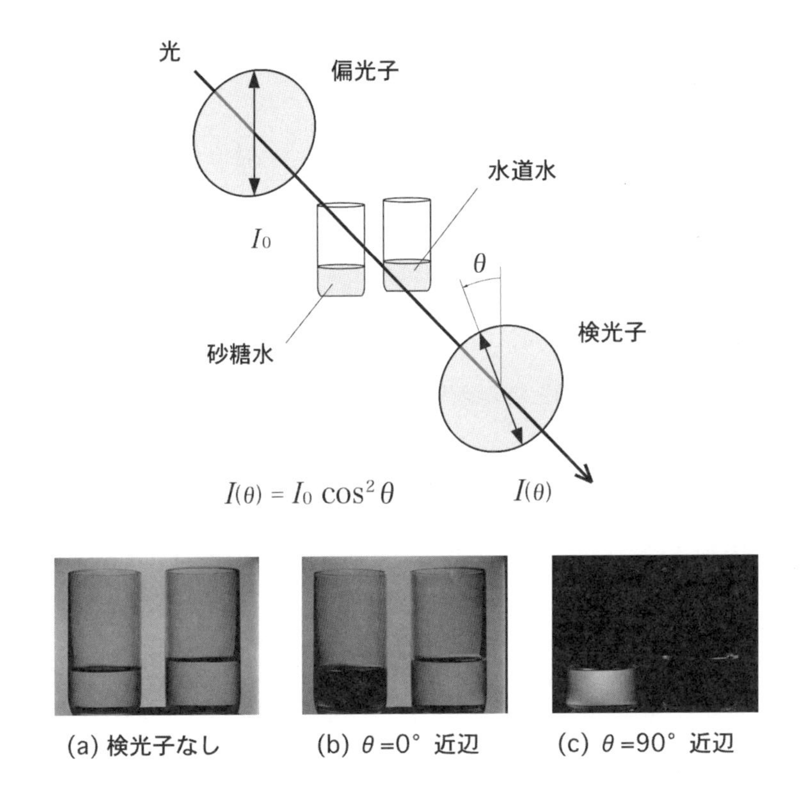

図 14.4　砂糖水の偏光視実験とその撮像例

子を通してカメラで撮像した。

(a)は検光子無しの画像であり，砂糖水と水道水は区別することができないが，(b)は検光子の傾き角を0°として，照射している偏光がそのまま透過できる角度で撮像している。水道水の方は照射した偏光がそのままの角度で透過していて明るいが，砂糖水は暗くなっていることから，砂糖水の方では照射光の偏光の傾き角が変化していることが分かる。(c)は検光子の傾き角を90°として，今度は照射した偏光がそのままでは透過できない角度で撮像しているが，この状態でも砂糖水の方では光が透過して明るくなっていることが分かる。

14.4　旋光特性と濃淡差

物質の旋光特性は，薬品等の分野では非常に重要な特性であり，化学組成が全く同じでもその旋光特性の違いで，薬品の特性が大きく異なることが知られている。その旋光特性は，旋光計なるもので一般に偏光視と検光子の角度差で計測されている。

14.4.1　マリュスの法則と濃淡画像

マリュスの法則[2),3)]は，図14.4に図示したように，

$$I(\theta) = I_0 \cos^2 \theta \qquad (14.2)$$

で表され，偏光子と検光子との直線偏光の透過容易軸の差をθとすると，検光子を透過する光の明るさ$I(\theta)$ がθの余弦の二乗に比例するというものである。

すなわち，偏光視を透過した直線偏光が，検光子に到達するまでに，その間にある媒質によって偏光角の傾きに変化を生じていなければ，この余弦二乗則に則るはずである。逆に，この余弦二乗則からはずれる値が観測できれば，その偏光角の傾きの変化量を逆算することができるはずである。

それを確かめるために砂糖水と水道水を撮像した画像からそれぞれの平均輝度を読み取って，図14.5に示すようにグラフにプロットしてみることにした。

14.4.2　マリュスの法則と旋光角

あらかじめ検光子の傾き角θを0～180° の間で適当な間隔にして画像を撮像しておく。そして，旋光角$\Delta\theta$を推定するため，$\theta+\Delta\theta$の余弦二乗をx軸に，各領域の平均輝度値をy軸にプロットする。図14.5に，$\Delta\theta$を変化させたときの濃淡変化の様子を示す。

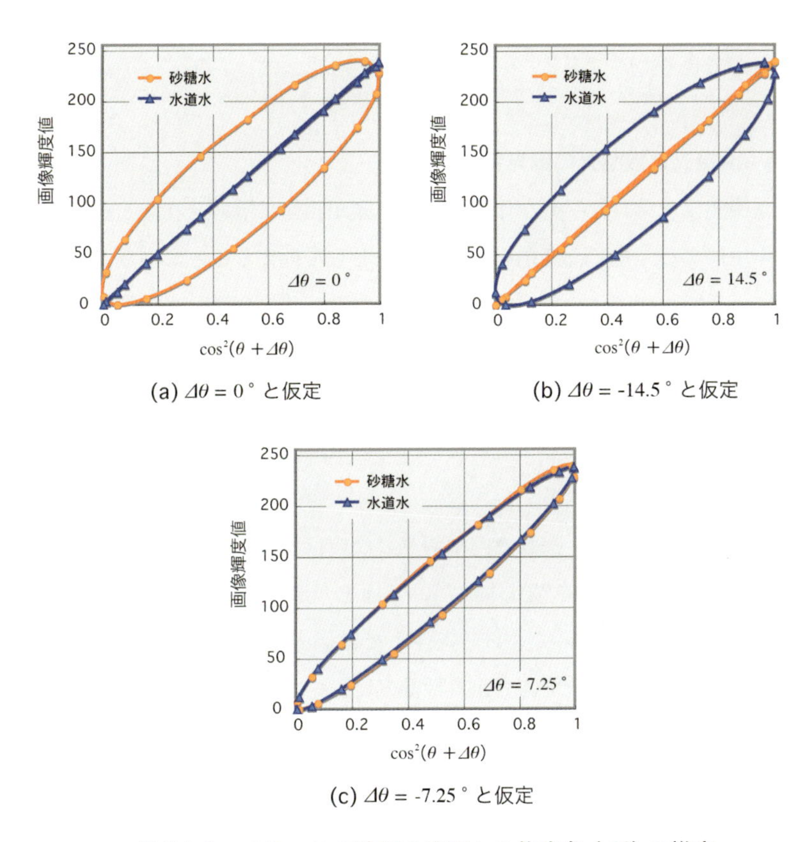

(a) $\Delta\theta$ = 0° と仮定 (b) $\Delta\theta$ = -14.5° と仮定

(c) $\Delta\theta$ = -7.25° と仮定

図 14.5 マリュスの法則を利用した旋光角 ($\Delta\theta$) の推定

図14.5の(a)はΔθを0°としてプロットした図であり，水道水の平均輝度値が見事に余弦二乗則に則って直線になっていることから，水道水による旋光はほとんど起こっていないことが分かる。またこのとき，砂糖水の濃淡変化の軌跡は楕円を描いている。(b)はΔθを-14.5°としたときの図で，今度は砂糖水の輝度値が直線になって水道水の方が楕円になっていることから，砂糖水の旋光角が照射光の進行方向側から見て左回りに14.5°旋光したことが分かる。

(c)は両者の濃淡変化軌跡が重なるようにΔθを設定した図であるが，片側の透過光の旋光量が分かっている場合，これを基準として他方の旋光角を推定することができるわけである。

14.5　直接光と散乱光の偏光特性

視覚機能はマクロ光学的な作用であり，光が物体に照射されたときに両者の相互作用によって生じた変化を光の濃淡像として捉えることによってその情報を得ている。その変化の内，振動面の変化を濃淡差に変換して視覚情報として利用することにより，通常の視覚では認識し得なかった偏光視の世界を垣間見ることができる。そして，視覚情報の大元である反射・散乱の濃淡は，両者の偏光特性の違いを利用することにより，その最適化のための新たなファクタを見いだすことが可能となる。

偏光板を利用すると，振動方向に偏りのない自然光から簡単に直線偏光を取り出せる。また，光学的異方体においてはその透過光の偏光状態が変化するが，光学的等方体においてもある条件下では偏光状態に大きな変化が見られる。これらは直接光の例であるが，散乱光においては照射光を散乱する散乱粒子の大きさとその電気磁気特性によって偏光特性が決定される。

14.5.1　直接光の偏光特性

直接光の偏光特性は，照射光の偏光状態に大きく依存する。一般に，光沢表面を持つ不透明体では照射光の偏光特性はそのまま保存され。一方，透明体の反射光ではある特定の方向の偏光成分が失われ，その失われた偏光成分は透過光として伝搬することが知られている。

図14.6に，自然光を照射して紙とガラス板から返される光を，偏光板を通して観察した結果を示す。偏光板の透過容易軸を反射面に対して90° 傾けた場合は(a)のようにガラス板からの直接光が観察されるが，反射面と一致させた場合は(c)のようにガラス板からの直接光が暗くなる。また，照射側に偏光板を入れても同様の結果となる。

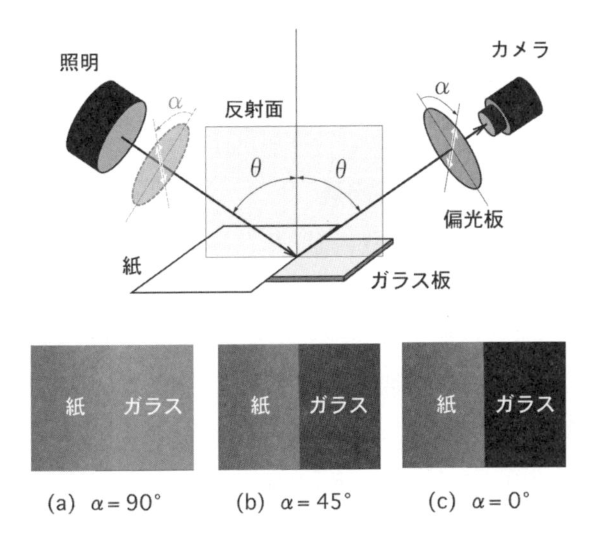

図 14.6　紙とガラスによる反射光の偏光特性

この傾向は照射光の入射角 θ に依存し，ガラス板の場合は $\theta = 56°$ 近辺で最大となる。この角度をブリュースター角といって，反射光と透過光のなす角が直角の時に，反射光の振動方向が水平方向の直線偏光（S偏光）になり，透過光の振動方向が垂直方向の直線偏光（P偏光）となる[2]。

14.5.2　散乱光の偏光特性

一般に，微少な散乱粒子を考えるとその内部の電気分極が一定の方向性を持つために，その動的な電気分極から再放射される散乱光は偏光している。事実，太陽光のレイリー散乱で青く見える空も偏光していることが知られている。しかしながらこの散乱粒子の密度が高くなると，多重散乱が起こりその偏光度は多重散乱の度合いに依存して低下する。その結果，固体からの散乱光ではその偏光度がほぼ 0 に近くなっているわけである。

図14.6の例では，照射光側に偏光板を入れてもその偏光方向に関わりなく，

紙の表面からの散乱光の輝度は一定である。すなわち，紙の表面からの散乱光では，照射光が偏光していたとしてもその偏光が解除されていることが分かる。

14.6　直接光と散乱光の選択的分離

ライティング技術の中核をなすのが直接光と散乱光の考え方であり，直接光で濃淡差を得る直接光照明法（明視野）と散乱光で濃淡差を得る散乱光照明法（暗視野）が照明法の基礎となっている。これは結局，それぞれの濃淡差が逆になることから，抽出する特徴情報のＳＮ比を上げるために合目的的にコントラストの最適化を図る手段になっている。言い換えれば，この二つの照明法の勘所は直接光と散乱光の分離にあるといえる。

14.6.1　直接光と散乱光の考え方

物体から返される光は，光と物体との相互作用によって変化した結果を含んでいる。光と物体との相互作用の本質は，電磁波としての光とその電界によって誘起される物体内の電気双極子の特性にある。この電気双極子から照射光の電界振動をほぼそのまま反映して輻射される光が直接光である。

一方，微少な散乱粒子が光の電磁界によって動的な電気分極を生じるとき，荷電粒子の加速度運動によって新たな電磁界が発生し，そこから電磁波が再放射される。これが散乱光の発生メカニズムである。

ライティングの観点からは，散乱光の定義を照射光束の相対関係が変化する光としたが，散乱現象そのものとして考えるとその散乱粒子の大きさによって分類することができる。

散乱粒子が照射光の波長に比べて小さい場合がレイリー散乱（Rayleigh scattering），同程度の場合がミー散乱（Mie scattering），大きい場合が幾何光学散乱（geometric scattering）である。レイリー散乱ではその散乱率は波長の４乗に反比例し，ミー散乱では波長依存性がなくなり，幾何光学散乱では微少な反射光や透過光の集合として考えることができる。ライティングの立場からは，幾何光学散乱を直接光の分散反射として定義し，その光学特性を解析することができる[3)]。

14.6.2 偏光による直接光と散乱光の分離

図14.7に，梨地金属表面と一般的な埃の撮像例を示す。一般に梨地の金属表面は明視野でも暗視野でも，その表面は直接光の分散反射で明るく撮像され，その明るく光る金属表面の明るい点の輝度は埃から返される散乱光の輝度より明るく，埃だけを選択的に抽出することはできない。

実際に(a)の撮像画像で埃だけを選択的に抽出することは，人間の視覚をもってしても困難を極める。しかし，直線偏光を照射光として使い，照射光の偏光

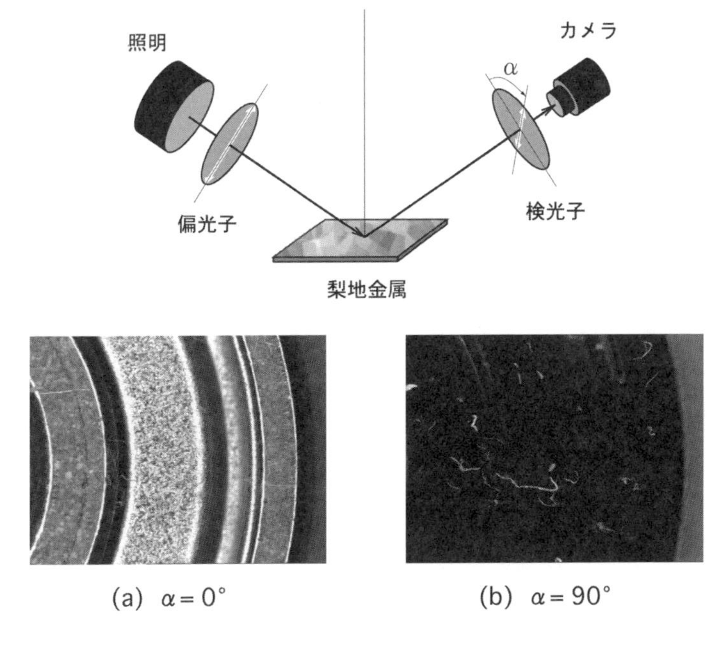

図 14.7 梨地金属表面と埃 の撮像

状態がそのまま返されている直接光成分だけを検光子でカットすると，(b)のように埃から返される散乱光のみを選択的に撮像することが可能となる。

参考文献

1）小柳修爾，“光技術用語辞典 第３版”，オプトロニクス社, Nov.2005.
2）大坪順次，“光入門”，コロナ社, Aug.2002.
3）Richard P. Feynman, “THE FEYNMAN LECTURES ON PHYSICS Vols. I ”, Addison-Wesley Publishing Company, Inc., 1965.
4）左貝潤一，“光学の基礎”，コロナ社, Oct.1997.

おわりに

ここでよく考えてみていただきたい。LSIの高機能化と大容量化はまさに日進月歩であり，今やひところのスーパーコンピューター並の性能を持った周辺機能付きのシステムが1チップに集積され，わずか2,3千円で買える世の中である。また，ビジョンシステムの世界では，既にCMOSロジックプロセスで高性能の光センサを作り込む技術も開発され，イメージセンサ1チップでマシンビジョンシステム全体が構築できてしまうのも間近である。

最もハイテクそうな，最も高価そうな部分が，場合によっては飴玉より安い値段で買える時代が迫っている。そうなって初めて，半導体産業も産業の米としての役割を全うすることができるのではないだろうか。ここで，人々は再び，価値観の大逆転を迫られるであろう。それは決して機械が自動では実現しえない部分，すなわち人間性の復活であり，霊性の復活である。

そしてそのときにも，光を駆使して必要な特徴情報を抽出する光検出技術は，今よりもっと重要視されていることだろう。なぜなら，このライティング・ディテクションの部分は物体の光物性に基づいた最も融通の利かない部分，すなわち比較的自由度の低い部分だからである。ライティング技術は，光と物体との相互作用に基づいて光の濃淡変化を生成する物体認識の根幹に関わる部分なのである。

ビジョンシステムとしては，現在はまだマシンビジョンとして各種検査用途や文字認識，寸法測定，位置決め用途に使用されているのが中心であるが，今後，ロボットビジョンとして，より積極的な製造加工などの制御用途に応用されることはほぼ確実であろう。ロボットビジョンとなると，ダイナミックなフィードバック制御が必要となることから，マシンビジョンにおけるどちらかというとスタティックな視覚システムに比べて，そこで培われた技術をベースとしつつ，更に高度な技術が要求されることになるであろう。

ビジョンシステムは光検出技術と深く関わっており，人間の生活照明の中で共存するサービスロボットなどにおいてもこれは例外ではない。ロボットにとっては，単に明るければ何でも見える，というわけにはいかないのである。来たるべきロボット社会に向けて，様々な分野においてこのライティング技術はなくてはならない技術となっていくだろう。

現時点で，既に厚生労働省所管の高度ポリテクセンターでは，年４回，１泊２日の「マシンビジョンシステムのためのライティング技術」のカリキュラムが組まれている。マシンビジョンを導入されている全国の有名企業から，この講義に毎回定員一杯の受講者を得ているのは，単にその予兆にすぎない。やがて，このライティング技術を身につけた多くの知的労働者が，製造業各社のものづくりの現場で，大きな働きを担っていくことになるであろう。

本書で，ご紹介したライティング技術が，ビジョンシステムを扱う様々なフィールドで新たな力を得て発展し，ひいては人類の真の幸福化へ向けて少しでもお役に立てれば幸いである。

初出一覧

第1章　1.1〜1.4　：
“マシンビジョン画像処理システムにおける新しいライティング技術の位置づけとその未来展望, 特集ーこれからのマシンビジョンを展望する”, 映像情報インダストリアル, vol.38, No.1, pp.11-15, 産業開発機構, Jan.2006.

第2章　2.1〜2.4　：
“マシンビジョンにおけるライティング技術とその展望”, 映像情報インダストリアル, vol.35, no.7, pp.65-69, 産業開発機構, Jul.2003.

第3章　3.1〜3.8　：
“LED照明とライティング技術”, 映像情報インダストリアル, vol.35, no.7, pp.70-81, 産業開発機構, Jul.2003.

第4章　4.1〜4.2　：
“（第1回）ライティングの意味と必要性, 連載ー光の使命を果たせ, マシンビジョン画像処理システムにおけるライティング技術”, 映像情報インダストリアル, vol.36, No.4, pp.50-51, 産業開発機構, Apr.2004.

第4章　4.3　：
“（第2回）FA現場におけるライティングの重要性, 連載ー光の使命を果たせ, マシンビジョン画像処理システムにおけるライティング技術”, 映像情報インダストリアル, vol.36, No.5, pp.34-35, 産業開発機構, May 2004.

第4章　4.4〜4.5　：
“（第9回）直接光照明法と散乱光照明法（2）, 連載ー光の使命を果たせ, マシンビジョン画像処理システムにおけるライティング技術”, 映像情報インダストリアル, vol.36, No.12, pp.120-121, 産業開発機構, Dec.2004.

第5章　5.1〜5.2　：

“（第2回）FA現場におけるライティングの重要性, 連載ー光の使命を果たせ, マシンビジョン画像処理システムにおけるライティング技術”, 映像情報インダストリアル, vol.36, No.5, pp.34-35, 産業開発機構, May 2004.
“（第16回）ライティングにおけるLED照明の適合性, 連載ー光の使命を果たせ, マシンビジョン画像処理システムにおけるライティング技術”, 映像情報インダストリアル, vol.37, No.7, pp.86-87, 産業開発機構, Jul.2005.

第5章　5.3～5.4　：
“（第3回）光による物体認識について, 連載ー光の使命を果たせ, マシンビジョン画像処理システムにおけるライティング技術”, 映像情報インダストリアル, vol.36, No.6, pp.106-107, 産業開発機構, Jun.2004.

第5章　5.5～5.6　：
“（第4回）色情報の本質と画像のキー要素　, 連載ー光の使命を果たせ, マシンビジョン画像処理システムにおけるライティング技術”, 映像情報インダストリアル, vol.36, No.7, pp.58-59, 産業開発機構, Jul.2004.

第5章　5.7　：
“（第16回）ライティングにおけるLED照明の適合性, 連載ー光の使命を果たせ, マシンビジョン画像処理システムにおけるライティング技術”, 映像情報インダストリアル, vol.37, No.7, pp.86-87, 産業開発機構, Jul.2005.

第5章　5.8　：
“（第2回）FA現場におけるライティングの重要性, 連載ー光の使命を果たせ, マシンビジョン画像処理システムにおけるライティング技術”, 映像情報インダストリアル, vol.36, No.5, pp.34-35, 産業開発機構, May 2004.

第6章　6.1～6.2　：
“（第5回）ライティングの基礎と照明法（1）, 連載ー光の使命を果たせ, マシンビジョン画像処理システムにおけるライティング技術”, 映像情報インダストリアル, vol.36, No.8, pp.56-57, 産業開発機構, Aug.2004.

第6章　6.3～6.4　：
“（第6回）ライティングの基礎と照明法（2）, 連載ー光の使命を果たせ, マシンビジョン画像処理システムにおけるライティング技術”，映像情報インダストリアル, vol.36, No.9, pp.56-57, 産業開発機構, Sep.2004.

第6章　6.5〜6.6　：
“（第7回）ライティングの基礎と照明法（3），連載ー光の使命を果たせ, マシンビジョン画像処理システムにおけるライティング技術”，映像情報インダストリアル, vol.36, No.10, pp.84-85, 産業開発機構, Oct.2004.

第7章　7.1〜7.2　：
“（第8回）直接光照明法と散乱光照明法（1），連載ー光の使命を果たせ, マシンビジョン画像処理システムにおけるライティング技術”，映像情報インダストリアル, vol.36, No.11, pp.42-43, 産業開発機構, Nov.2004.

第7章　7.3〜7.4　：
“（第10回）　直接光照明法と散乱光照明法（3），連載ー光の使命を果たせ, マシンビジョン画像処理システムにおけるライティング技術”，映像情報インダストリアル, vol.37, No.1, pp.60-61, 産業開発機構, Jan.2005.

第8章　8.1〜8.2　：
“（第11回）ライティングによるS/Nの制御（1），連載ー光の使命を果たせ, マシンビジョン画像処理システムにおけるライティング技術”，映像情報インダストリアル, vol.37, No.2, pp.92-93, 産業開発機構, Feb.2005.

第8章　8.3〜8.4　：
“（第12回）ライティングによるS/Nの制御（2），連載ー光の使命を果たせ, マシンビジョン画像処理システムにおけるライティング技術”，映像情報インダストリアル, vol.37, No.3, pp.60-61, 産業開発機構, Mar.2005.

第8章　8.5〜8.6　：
“（第13回）ライティングによるS/Nの制御（3），連載ー光の使命を果たせ, マシンビジョン画像処理システムにおけるライティング技術”，映像情報インダストリアル, vol.37, No.4, pp.52-53, 産業開発機構, Apr.2005.

第8章　8.7〜8.8　：

“（第14回）ライティングによるS/Nの制御（4）, 連載－光の使命を果たせ, マシンビジョン画像処理システムにおけるライティング技術”, 映像情報インダストリアル, vol.37, No.5, pp.36-37, 産業開発機構, May 2005.

第8章　8.9～8.10　：
“（第15回）ライティングによるS/Nの制御（5）, 連載－光の使命を果たせ, マシンビジョン画像処理システムにおけるライティング技術”, 映像情報インダストリアル, vol.37, No.6, pp.118-119, 産業開発機構, Jun.2005.

第9章　9.1～9.2　：
“（第25回）反射・散乱による濃淡の最適化（9）, 連載－光の使命を果たせ, マシンビジョン画像処理システムにおけるライティング技術”, 映像情報インダストリアル, vol.38, No.4, pp.60-61, 産業開発機構, Apr.2006.

第9章　9.3～9.4　：
“（第22回）反射・散乱による濃淡の最適化（6）, 連載－光の使命を果たせ, マシンビジョン画像処理システムにおけるライティング技術”, 映像情報インダストリアル, vol.38, No.1, pp.64-65, 産業開発機構, Jan.2006.

第9章　9.5～9.6　：
“（第17回）反射・散乱による濃淡の最適化（1）, 連載－光の使命を果たせ, マシンビジョン画像処理システムにおけるライティング技術”, 映像情報インダストリアル, vol.37, No.8, pp.72-73, 産業開発機構, Aug.2005.

第10章　10.1～10.2　：
“（第18回）反射・散乱による濃淡の最適化（2）, 連載－光の使命を果たせ, マシンビジョン画像処理システムにおけるライティング技術”, 映像情報インダストリアル, vol.37, No.9, pp.82-83, 産業開発機構, Sep.2005.

第10章　10.3～10.4　：
“（第19回）反射・散乱による濃淡の最適化（3）, 連載－光の使命を果たせ, マシンビジョン画像処理システムにおけるライティング技術”, 映像情報インダストリアル, vol.37, No.10, pp.64-65, 産業開発機構, Oct.2005.

第11章　11.1～11.2　：
“（第20回）反射・散乱による濃淡の最適化（4），連載ー光の使命を果たせ，マシンビジョン画像処理システムにおけるライティング技術”，映像情報インダストリアル, vol.37, No.11, pp.74-75, 産業開発機構, Nov.2005.

第11章　11.3～11.4　：
“（第21回）反射・散乱による濃淡の最適化（5），連載ー光の使命を果たせ，マシンビジョン画像処理システムにおけるライティング技術”，映像情報インダストリアル, vol.37, No.12, pp.110-111, 産業開発機構, Dec.2005.

第12章　12.1～12.2　：
“（第23回）反射・散乱による濃淡の最適化（7），連載ー光の使命を果たせ，マシンビジョン画像処理システムにおけるライティング技術”，映像情報インダストリアル, vol.38, No.2, pp.42-43, 産業開発機構, Feb.2006.

第12章　12.3～12.4　：
“（第24回）反射・散乱による濃淡の最適化（8），連載ー光の使命を果たせ，マシンビジョン画像処理システムにおけるライティング技術”，映像情報インダストリアル, vol.38, No.3, pp.74-75, 産業開発機構, Mar.2006.

第13章　13.1～13.2　：
“（第26回）反射・散乱による濃淡の最適化（10），連載ー光の使命を果たせ，マシンビジョン画像処理システムにおけるライティング技術”，映像情報インダストリアル, vol.38, No.6, pp.66-67, 産業開発機構, May 2006.

第13章　13.3～13.4　：
“（第27回）反射・散乱による濃淡の最適化（11），連載ー光の使命を果たせ，マシンビジョン画像処理システムにおけるライティング技術”，映像情報インダストリアル, vol.38, No.7, pp.114-115, 産業開発機構, Jun.2006.

第13章　13.5～13.6　：
“（第28回）反射・散乱による濃淡の最適化（12），連載ー光の使命を果たせ，マシンビジョン画像処理システムにおけるライティング技術”，映像情報インダストリアル, vol.38, No.8, pp.52-53, 産業開発機構, Jul.2006.

第14章　14.1〜14.2　：
“（第29回）反射・散乱による濃淡の最適化（13），連載ー光の使命を果たせ，マシンビジョン画像処理システムにおけるライティング技術”，映像情報インダストリアル，vol.38, No.9, pp.54-55, 産業開発機構，Aug.2006.

第14章　14.3〜14.4　：
“（第30回）反射・散乱による濃淡の最適化（14），連載ー光の使命を果たせ，マシンビジョン画像処理システムにおけるライティング技術”，映像情報インダストリアル，vol.38, No.10, pp.50-51, 産業開発機構，Sep.2006.

第14章　14.5〜14.6　：
“（第31回）反射・散乱による濃淡の最適化（15），連載ー光の使命を果たせ，マシンビジョン画像処理システムにおけるライティング技術”，映像情報インダストリアル，vol.38, No.11, pp.84-85, 産業開発機構，Oct.2006.

おわりに　：
“マシンビジョン画像処理システムにおける新しいライティング技術の位置づけとその未来展望，特集ーこれからのマシンビジョンを展望する”，映像情報インダストリアル，vol.38, No.1, pp.11-15, 産業開発機構，Jan.2006.

索　　引

【あ】

【か】

【さ】

【た】

【な】

【は】

【ま】

【や】

【ら】

【わ】

（索引作成・校正 協力：増村嘉宣，高橋友紀）

著者略歴：

増村 茂樹（ますむら しげき）
マシンビジョンライティング株式会社
代表取締役社長

1981年京都大学工学部卒。

15年間日立製作所中央研究所にてマイコンをはじめとするシステムLSIの研究開発に従事。その後出家し，仏門に入って5年間仏教を学ぶ。還俗後，シーシーエス株式会社に入社，マシンビジョン用途向けライティング技術を確立し，2011年この技術がJIIAを通じてグローバル標準として認証された。その後，2014年7月マシンビジョンライティング株式会社を創立，代表取締役社長に就任し，現在に到る。各学会等での招待論文・講演をはじめ，各種専門誌への論文投稿，連載記事執筆，大学等での講義，各企業向けの講演を随時実施。電子情報通信学会正員，精密工学会正員，OSA(Optical Society of America) 正員，厚生労働省所管 高度職業能力開発促進センター（愛称：高度ポリテク）外部講師，一般社団法人日本インダストリアルイメージング協会(JIIA)第1期（2006.6～）理事を経て，第2，第3期（～2013.6）副代表理事，同協会照明分科会主査（2006.6～2014.4），同協会撮像技術専門委員会委員長（～2014.4）。著書に「マシンビジョンライティング基礎編」2007，「マシンビジョンライティング応用編」2010，「マシンビジョンライティング実践編」2013，「新マシンビジョンライティング①」2017がある。2016年11月，ドイツのシュツットガルトで開催されたVISION 2016において，日本企業初となる VISION Award 第1位を受賞。

マシンビジョンライティング
ー画像処理 照明技術ー 基礎編 改訂版

定価はカバーに表示

2007年6月 5日　初版　第1刷
2008年1月21日　第2版　第1刷
2010年3月27日　第3版　第1刷
2018年7月 7日　改訂版　第1刷

著　者　増 村 茂 樹
発行者　分 部 康 平
発行所　産業開発機構株式会社
東京都台東区浅草橋2-2-10
カナレビル
TEL：03-3861-7051
FAX: 03-5687-7744
http://www.eizojoho.co.jp/

〈検印省略〉

印刷・製本 株式会社エデュプレス
ISBN 978-4-86028-299-8
Printed in Japan